science・i
S

日本の火山を
科学する

日本列島津々浦々、あなたの
身近にある108の活火山とは?

神沼克伊・小山悦郎

JN283461

SoftBank Creative

著者プロフィール

神沼克伊（かみぬま かつただ）
1937年生まれ。国立極地研究所ならびに総合研究大学院大学名誉教授。東京大学大学院理学研究科修了後に東京大学地震研究所に入所し、地震や火山噴火予知の研究に携わる。1966年の第八次南極観測隊に参加。1974年より国立極地研究所に移り、南極研究の第一人者として活躍。『みんなが知りたい南極・北極の疑問50』（サイエンス・アイ新書）、『地球環境を映す鏡 南極の科学』（講談社ブルーバックス）、『地震学者の個人的な地震対策』（三五館）などがある。

小山悦郎（こやま えつろう）
1946年生まれ。1965年、東京大学地震研究所浅間火山観測所入所。1966年、東京大学地震研究所霧島火山観測所赴任。1970年、ふたたび東京大学地震研究所浅間火山観測所勤務となり、現在に至る。浅間山とともに40年、この間、日本中の火山の観測に携わり、火山の写真を撮り続ける。南極の火山観測にも参加。2010年3月に第17回「震災予防協会賞」受賞。

本文デザイン・アートディレクション：クニメディア株式会社

はじめに

　「富士は日本一の山」と歌われる富士山は、明治時代にはすでに欧米で「世界一美しい山」と認められていました。1910年(明治43年)、南極点を目ざしたイギリスのスコット隊の一員として、南極・ロス島のエバンス岬で越冬した生物学者のチェリー・ガラードは、その著書『世界最悪の旅』で、「富士山は世界一美しい山、(ロス島の)エレバス山は世界一重厚な山」と記しています。日本の山々をヨーロッパに紹介したウエストンら日本の文明開化を推進した欧米人によって、富士山の美しさは海外にも紹介されていったのです。

　長野・群馬県境にそびえる浅間山も、周辺の人々に親しまれている山です。富士山も浅間山も同じように、周辺の学校の校歌に歌われ、多くの詩歌に詠まれています。

　著者の1人・神沼は、子供のころから富士山やその隣の箱根山を眺め、登り、歩き育ちました。富士山は休火山、箱根山は死火山と教えられながら、山々の自然に関する知識や興味を増やしていきました。

　小山は浅間山の麓でその噴煙を眺めながら成長していきました。「山は生き物」を実感し、その自然のすばらしさ、

偉大さを感じ取る感性を身につけました。

　そして2人とも火山や地震を専門とする研究機関の東京大学地震研究所に職を得て、生涯、自然科学の道を歩むことになりました。著者たちの交流は神沼が国立極地研究所に移ってからも変わることなく、今日まで続いています。

　小山は地震研究所の職員、そして各大学や研究機関で実施される日本各地の火山調査プログラムの重要なメンバーとして、観測・調査の業務を続けています。日本列島の火山のほか、外国の火山の調査・研究にも参加していました。

　自然科学の研究の第一歩は、その現象をくわしく観察することであり、写真撮影はその重要な手法の1つです。小山は毎日のように浅間山にカメラを向けて、噴煙をはじめとする山容の変化を記録し、調査におもむいたどの火山も克明に写真に収めてきました。小山の撮影した火山の写真は5万点を超えます。

　神沼もまた訪れた地球上のあちこちで、それぞれの土地や自然現象を撮影してきました。十数回訪れた南極大陸や昭和基地の写真だけで、3万点をはるかに超えています。

　そんな著者たちの背景から、火山の自然を紹介し、そのおもしろさ、偉大さ、恐ろしさを伝えたいと、本書の出版が企画されました。子供たちの理科離れが心配されている日本社会ですが、多くの方に少しでも火山を通して自然の不思議さ、おもしろさ、恐ろしさが伝えられればと

願っております。

　文章はおもに神沼が書き、写真はほとんどが小山の撮影です。小山の写真で不足分は神沼の写真を使用し、さらに以下の方々の協力を得ました。

　第1章のアフリカ・ニイラゴンゴは研究者仲間の東北大学植木貞人准教授。

　第2章の利尻島は埼玉県さいたま市の片島千枝子さん。

　第3章の鳥海山は秋田県にかほ市 社団法人にかほ市観光協会。

　第6章の島根県や大山の写真は松江市美保関町・美保館の定秀陽介氏。

　第6章の隠岐は島根県隠岐の島町の高宮清道氏。

　第6章の笠山は山口県下関市の荒木隆氏。

　第6章の屋島は香川県高松市の土居輝融氏。

　東京大学地震研究所からは多くの写真や資料をいただきました。

　神奈川県温泉地学研究所からも箱根山の観測資料をいただきました。

　また隠岐の島町商工会にも写真の紹介でお世話になりました。以上の方々に厚く御礼申し上げます。

　豊富なカラー写真がサイエンス・アイ新書シリーズの特徴です。私たちの写真をカラーで紹介できる機会を与えてくださったソフトバンク クリエイティブ、科学書籍編集部の益田賢治編集長に心から感謝申し上げます。

日本の火山を科学する

日本列島津々浦々、あなたの身近にある108の活火山とは？

CONTENTS

はじめに ………………………………… 3

第1章 火山を知ろう ……………………… 9
- 1-1 よみがえった死火山 ……………… 10
- 1-2 火山帯が火山フロントへ ………… 14
- 1-3 火山の形 …………………………… 18
- 1-4 噴火・噴出の様式 ………………… 24
- 1-5 火山噴火のからくり ……………… 30
- 1-6 火山噴火の創出したもの ………… 34
- 1-7 火山と地震 ………………………… 40
- 1-8 火山活動を監視する ……………… 44
- 1-9 火山噴火の予知はできるか ……… 48
- 1-10 火山防災マップ …………………… 50

第2章 北海道の火山 ……………………… 53
- 2-1 北海道の火山分布 ………………… 54
- 2-2 有珠山(1) ― 山頂噴火 ― ……… 59
- 2-3 有珠山(2) ― 明治新山の生成 ― … 62
- 2-4 有珠山(3) ― 昭和新山の形成 ― … 66
- 2-5 有珠山(4) ― 噴火前に避難 ― …… 71
- 2-6 北海道駒ケ岳 ……………………… 76

第3章 東北日本の火山 …………………… 79
- 3-1 東北日本の火山分布 ……………… 80
- 3-2 岩手山 ……………………………… 87
- 3-3 秋田駒ケ岳 ………………………… 90
- 3-4 鳥海山 ……………………………… 92
- 3-5 吾妻山 ……………………………… 94

サイエンス・アイ新書

| 3-6 | 安達太良山 | 96 |
| 3-7 | 磐梯山 | 98 |

第4章 中央日本の火山 … 101

4-1	中央日本の火山分布	102
4-2	草津白根山	107
4-3	浅間山（1）— 山の姿 —	109
4-4	浅間山（2） — 日本最初の火山観測所 —	112
4-5	浅間山（3）— 天明の大噴火 —	116
4-6	浅間山（4）— 20世紀の活動 —	120
4-7	浅間山（5）— 火山物理学の発展 —	123
4-8	焼岳と上高地	128

第5章 伊豆の火山 … 133

5-1	火山列島	134
5-2	富士山	140
5-3	箱根山（1）— 複雑な成り立ち —	146
5-4	箱根山（2）— 群発地震 —	150
5-5	伊豆東部火山群	154
5-6	伊豆大島（1）— 御神火の島 —	156

CONTENTS

- **5-7** 伊豆大島（2）― 昭和61年（1986年）伊豆大島噴火 ― ………………………… 160
- **5-8** 三宅島（1） ― 島のあちこちから噴火 ― ………… 164
- **5-9** 三宅島（2） ― 火山ガスの発生 ― ………… 168

第6章 西日本の火山 …………………… 173

- **6-1** 大山隠岐国立公園 ……………… 174
- **6-2** 大山 ……………………………… 179
- **6-3** 三瓶山 …………………………… 182
- **6-4** 三瓶山の埋没林 ………………… 184
- **6-5** 隠岐諸島 ………………………… 188
- **6-6** 笠山（阿武火山群） …………… 190
- **6-7** 屋島 ……………………………… 192

第7章 九州の火山 ………………………… 195

- **7-1** 九州・南西諸島の火山分布 …… 196
- **7-2** 阿蘇山（1） ― 巨大カルデラの火山 ― ……… 200
- **7-3** 阿蘇山（2） ― 観光と災害 ― ……… 203
- **7-4** 雲仙岳（1） ― 島原大変肥後迷惑 ― ……… 207
- **7-5** 雲仙岳（2） ― 平成の大噴火 ― ……… 210
- **7-6** 霧島山（1） ― 天孫降臨の高千穂峰 ― ……… 214
- **7-7** 霧島山（2） ― 新燃岳の活動 ― ……… 218
- **7-8** 桜島（1） ― 世界でもっとも活動している火山 ― ……… 222
- **7-9** 桜島（2） ― 大正の大噴火 ― ……… 225
- **7-10** 桜島（3） ― 活動様式の変化 ― ……… 229

索引 ………………………………………… 236

第1章

火山を知ろう

日本列島には、「活火山」に分類される火山が108もあります。なぜこれだけ多くの火山が存在するのでしょうか？ そしてどの山が火山なのでしょうか？ 第1章では火山が存在する理由から火山の形、噴火の様式、噴火のからくり、火山と地震の関係、噴火の予知といった火山学の基礎知識について解説します。

1-1 よみがえった死火山

　1979年10月28日、「木曾の御嶽山」と親しまれ、当時は「死火山」と考えられていた岐阜県の御嶽山（3067m）が突然噴火をして、地元の自治体をはじめ多くの人々を驚かせました。特に驚いたのは御嶽山を「死火山」と定義していた火山研究者たちでした。

　日本で火山を本格的に研究し始めたのは、19世紀後半、明治時代の中ごろ、東京帝国大学や京都帝国大学、現在の東京大学や京都大学が設置され、理学部が開設されたころからです。1888年の磐梯山の噴火では、初めて大学の教官ら自然科学を専門とする人々により現地調査がなされました。日本での火山学はおもに地質学や地形学の研究者により発展していきました。物理学が火山学に参入したのは20世紀の初めになってからです。1910年の有珠山の噴火では地震観測や測量が初めて実施され、1914年の桜島の噴火でも地震観測が実施され、物理学的な視点での調査がなされ始めました（2-3、7-9参照）。

　地質学者や地形学者による火山の研究は、まず日本列島内のどこにどのような形の火山が存在するか、記載と分類から始まりました。そして現在噴火している火山を「活火山」、過去に噴火した記録はあるが現在は活動していない火山を「休火山」、火山体であっても人類が一度も噴火を確認していない火山を「死火山」と定義していました。1960年ごろのそれぞれの分類は次のようでした。

活火山：十勝岳、有珠山、浅間山、伊豆大島、三宅島、阿蘇山、桜島など
休火山：秋田駒ケ岳、磐梯山、富士山、雲仙岳など
死火山：御嶽山、箱根山など多数。ほとんどの火山

　そのころ、休火山だった秋田駒ケ岳は1970年に噴火し、雲仙岳は1990年代に入り大噴火を起こしています。
　御嶽山の噴火により、活火山、休火山、死火山の定義は実状に合わないことが明らかになり、防災の立場からも再検討が迫られました。また国際的な火山学会でも活火山の定義をどうすべき

【 1-1-1 】 活火山の世界的な代表・富士山

か検討がなされました。そして防災面も考慮して、活火山の定義は「おおむね過去1万年以内に噴火した火山および現在活発な噴気活動のある火山」となりました。

このような定義にもとづいて、新しい視点で日本中の火山体からの噴出物が調べられました。そして日本列島の活火山は20〜30座程度と考えられていたのですが、2005年に気象庁は108座と発表しています。

そして108の活火山はさらにABCの3ランクに分類されています。その分類方法は、火山灰のような噴出物の堆積状況から過去1万年の間に、どのような形の、どの程度の規模の噴火が何回ぐらい発生していたかを調べ、それぞれの活動度指数としました。さらにそのうち、過去100年間にかぎって、やはり何回ぐらい爆発を起こし、どのくらい噴出物があったかを指標にして、100年間の活動度指数を決めました。

そして、その両方をグラフの横軸と縦軸にプロットして、それぞれの火山を以下のようにランク分けしています(1-1-2参照)。

ランクA:100年活動度指数あるいは1万年活動度指数の特に高い火山
ランクB:100年活動度指数あるいは1万年活動度指数の高い火山
ランクC:いずれの活動度指数も低い火山

この分類はそれぞれの火山の過去の噴火活動を火山学的に評価したものです。ランクAだからといって、噴火が迫っていることを意味していませんので、このグラフを見るときには注意が必要です。

このように火山学は進歩してきました。その結果、現在の火山学では「休火山」は完全に死語になり、「死火山」もほとんど使われていません。

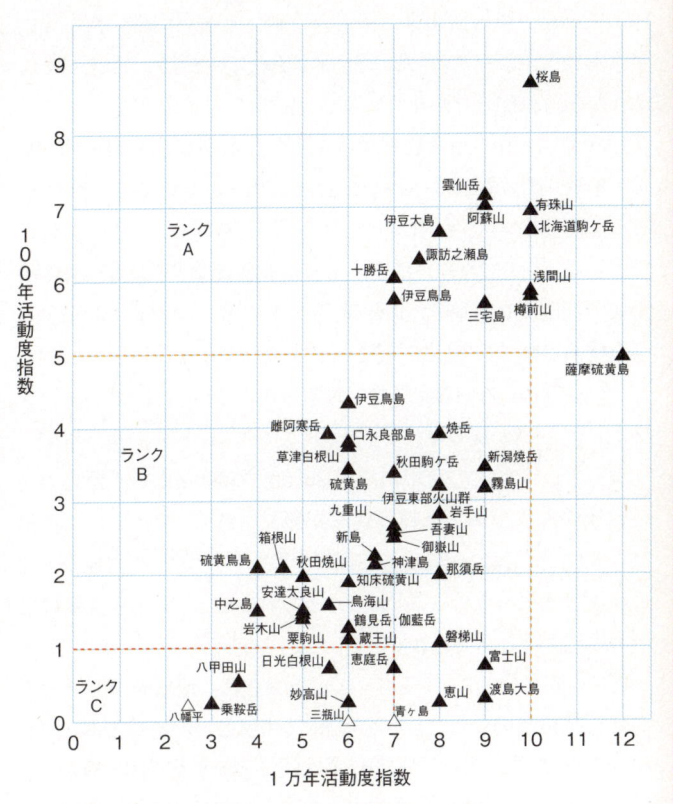

1-1-2 新活火山の分類グラフ：ランクCのほとんどは省略

1-2 火山帯が火山フロントへ

　1970年ごろまでに発行された日本地図には、北から千島火山帯、那須火山帯、鳥海火山帯、富士火山帯、乗鞍火山帯、白山火山帯、霧島火山帯などの「火山帯」が示されています。これらはそれぞれの火山の配置を記載、分類した結果です。

　1960年ごろから地球物理学は進歩した観測手法を用いて、地球上を調べ始めました。日本の火山も記載・分類の博物学的手法、どんな性質のマグマが噴出したのかという岩石学、鉱物学、地質学的手法ばかりでなく、地震、重力、地磁気などの地球物理学的手法で観測調査が進み、山体構造や噴火のメカニズムなどが少しずつ解明されてきました。そして火山だけでなく、地震や地形など地球表面のいろいろな現象を説明できるモデルとして「プレートテクトニクス」が提唱されました。

　ヨーロッパアルプスの山中で、2000m、3000mという標高の高い地域から魚や海生生物の化石が発見されていたので、18世紀ごろまでには「海底が隆起して山になる」というような現象が、地球表面で起こっていることはわかっていました。つまり陸地は上下方向に動くと考えられていました。

　ところがプレートテクトニクスが提唱され、地球表面を水平方向に大陸が移動することが明らかになりました。地球表面はプレートと呼ばれる十数枚の板状の岩盤におおわれている、そのプレートは海底を形成し、大陸はそのプレートの上に乗って移動するというのです。プレートは海嶺で地球内部から湧きだし、海底を形成しながら拡大し、海溝で地球内部へと消えていくというプレートテクトニクスは、20世紀の地球科学における最大の成果です

（1-2-3参照）。

　そしてプレートの湧きだし口や沈み込み口にあたる海嶺や海溝に沿って火山が並んでいます。日本列島の太平洋側には日本海溝が、また伊豆諸島から小笠原諸島の東側には伊豆・小笠原海溝が並んでいます。日本海溝と伊豆・小笠原海溝は東側から押し

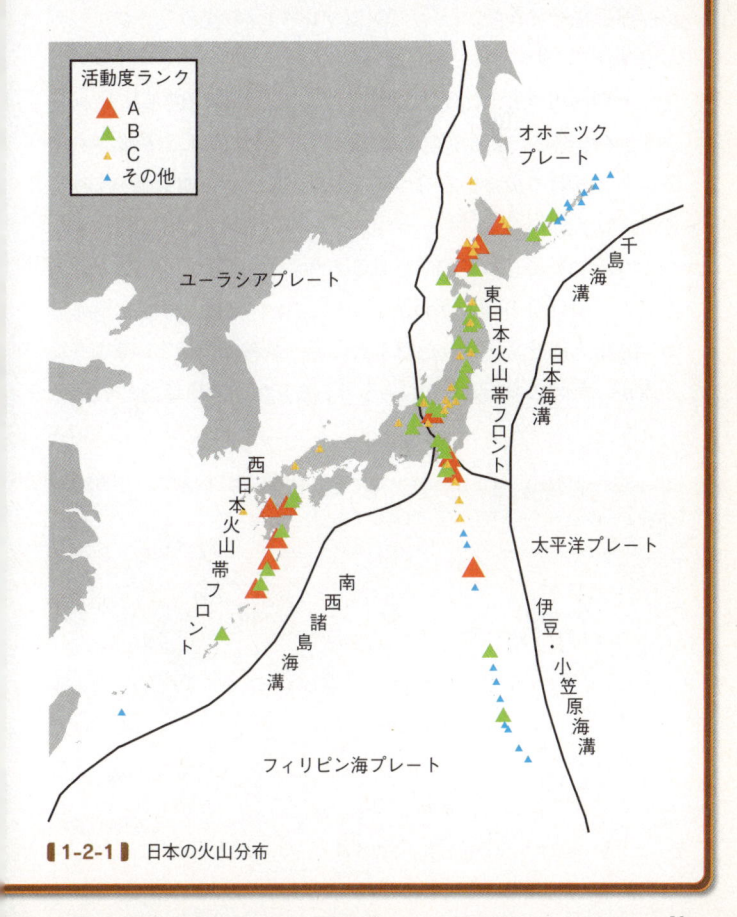

■ 1-2-1　日本の火山分布

寄せてきた「太平洋プレート」の沈み込み口です。

　さらに西日本の太平洋側の四国沖から九州東側には南海トラフが位置します。トラフとは「細長い海底地形のうち深さが6kmを超えないもの」と定義されています。つまり西日本から九州の太平洋側には、海溝ほどは深くはないが細長い窪地が存在しているのです。トラフは「舟状海盆」とも呼ばれます。南海トラフは南から押し寄せてきた「フィリピン海プレート」の沈み込みによって形成されています。

　日本列島の火山はどの火山も、プレートが地球内部に沈み込むときの摩擦熱によって発生した「マグマ」が噴出し、形成されています。海溝に沿って存在する火山列を「火山フロント」と呼びます。

　このように火山体が形成されるメカニズムが明らかになり、地球上の火山分布の理由がわかってきますと、記載、分類という博物学的な手法で考えられた富士火山帯や乗鞍火山帯というような分類が、意味のないことがはっきりしました。全地球的に火山分

1-2-2　世界の火山分布とプレートの分布

布を考えるという、グロバールな視野に欠けていたのです。

そこで現在は、日本列島の火山では北海道から東北、関東、中部、伊豆の「東日本火山帯フロント」と、中国地方西部から九州を通り南西諸島に伸びる「西日本火山帯フロント」の2つに大別されています。那須火山帯、鳥海火山帯などはすべて死語となりました。

そしてよりグローバルに見れば日本列島全体が、太平洋をとり囲むように存在する火山帯の一部なのです。日本の火山体は北へは千島からアリューシャン列島の火山帯へと続き、南へはフィリピンからインドネシアの火山帯へと続いています。

全地球的な火山の分布を見ると、海嶺と海溝以外にプレートのまん中にも火山が分布しています。これは「ホットスポット」と呼ばれる火山で、マグマがプレートを突き破って噴出し、火山体が形成されたのです。ハワイはその代表的な火山です。

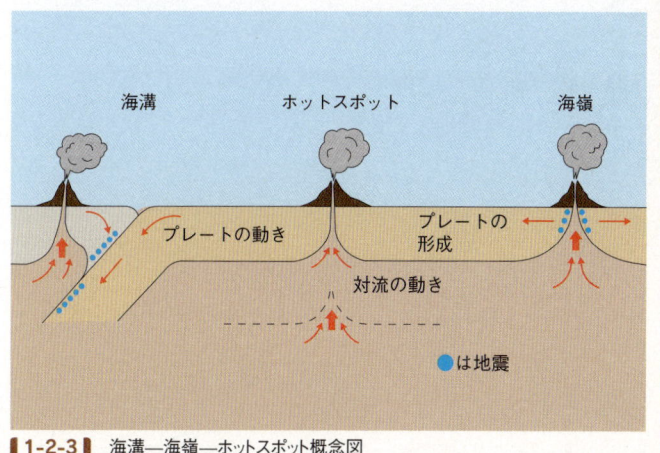

1-2-3 海溝—海嶺—ホットスポット概念図

1-3 火山の形

 日本の象徴ともいえる富士山は典型的な「成層火山」です。成層火山は溶岩や火山弾、火山礫、火山灰などが同じ噴火口から繰り返し噴出し、層をなして堆積し、次第に大きな山体に発達して、美しい円錐形の火山が形成されています。一般に非常に大きな山体が形成され、日本の火山の多くはこの成層火山に属します。火山体を構成する岩石の状態や種類によって、山体の傾斜が急なものからゆるやかなものまでありますが、雄大な裾野を有する火山が多いです。

 噴出した溶岩の粘性が大きいと、あまり流れることなく火口付

1-3-1 成層火山・富士山

近に堆積します。鐘を伏せたような形の丘が形成され、「溶岩円頂丘」または「溶岩ドーム」と呼びます。北海道の有珠山山麓に出現した昭和新山はその代表例です。浅間山の麓にある小浅間のように大きな火山体の中や周辺にも点在します。

【1-3-2】 溶岩円頂丘・昭和新山

【1-3-3】 火砕丘・伊豆大室山

火口から溶岩や火山弾などの噴出物はださず、火口付近の基盤岩の岩石片を火山礫や火山灰とともに噴出する噴火があります。吹き飛ばされた岩屑は火口周辺に堆積し、円錐丘を形成します。これを「火砕丘(スコリア丘)」と呼びます。スコリアは噴火で飛ばされた岩石の砕屑です。伊豆半島の大室山や阿蘇山麓の米塚がその例です。

　火砕丘の形成よりさらに規模の小さな爆裂火口を「マール」と呼びます。溶岩をはじめとする噴出物はださず、基盤岩の砕屑を丘とも呼べないほど低く、火口の周辺に堆積させたものです。火口内に水をたたえ、円形の池になることが多いです。秋田県男鹿半島の先端にある一の目潟、二の目潟、三の目潟や宮崎県霧島山系の御池、鹿児島県薩摩半島の鰻池などがその例です。

　流動性のいちじるしい溶岩が流出し、火山弾や火山礫などの噴

1-3-4　マール・霧島山系北東端の御池、後方は高千穂峰

出物が少量の場合、傾斜がゆるやかなのっぺりとした山体が形成されます。ヨーロッパで使われていた昔の盾を伏せたような形から「盾状火山」と呼ばれます。代表はハワイのマウナ・ロアやマウナ・ケアで、標高が4000mを超える高山なのに望見してもそんなに高さを感じません。山体底面の直径は100kmを超え、斜面の傾斜は4〜6°です。山頂から放射状にでた割れ目から多量の溶岩が流れでた結果です。

日本でも福島県の吾妻山や岩手県の八幡平が盾状火山に属します。ハワイの火山とは異なり、中心の火口から溶岩が流出して形成されました。

玄武岩という非常に粘性が低く、流動性に富んだ溶岩が爆発的な活動はせずに流出すると、平らな大地が形成され、「溶岩台地」と呼びます。インドのデカン高原は6000万年以前に形成された

1-3-5 盾状火山・ハワイ島・マウナ・ケア山頂付近にある日本・国立天文台のすばる天体望遠鏡(白い建物)付近からマウナ・ロアを望む

世界最大の溶岩台地です。面積は日本列島の1.6倍にもなる50万km²、最大の厚さは2kmです。日本では第四紀(約258万年前まで)の火山ではありませんが、香川県の屋島がその例です。ただ、規模は小さく溶岩の厚さは200mです。

　火山の中心地域に位置する大きな窪地を「カルデラ」と呼びます。一般に噴火口に比べてその直径は非常に大きいです。カルデラは「爆発カルデラ」と「陥没カルデラ」に大別されます。

　日本では爆発カルデラの例として、1888年の磐梯山の噴火で飛ばされた小磐梯の窪地があります(3-7参照)。

　陥没カルデラは溶岩をはじめとする大量の噴出物によって、火山体内のバランスが崩れ、上部が陥没した結果、出現したものです。多くの陥没カルデラが低地に水をたたえ、美しい景観を呈しています。箱根の芦ノ湖はカルデラ内の低地に水がたまったものです。阿寒湖、洞爺湖、十和田湖なども同じ例で、「カルデラ湖」とも呼ばれます。

1-3-6 溶岩台地・屋島(撮影:土居輝融氏)

大きな噴火口やカルデラの中に噴出した火山を「中央火口丘」、その周縁の山々を「外輪山(がいりんざん)」と呼びます。

火山のなかには一連の噴火活動で形成された「単成火山」と何回もの噴火を繰り返して形成された「複成火山」があります。日本の火山のほとんどは複成火山です。狭い地域に多数ある単成火山は「単成火山群」と呼ばれます。「伊豆東部火山群」や「阿武火山群」がこの例です(5-5、6-6参照)。

火山の形の名称として1960年ごろまではコニーデ(成層火山)、トロイデ(溶岩円頂丘)、アスピーテ(楯状火山)など、一般的にドイツ語が用いられ、教科書でも使われていました。しかし、日本では現在はまったく使われていません。八幡平に「アスピーテライン」と名づけられた道路がありますが、昔使われていた言葉のなごりです。

【1-3-7】 陥没カルデラ・洞爺カルデラ(洞爺湖)

1-4 噴火・噴出の様式

　火山の形は噴出する溶岩が流れやすいか否かという性質とともに、どんな様式の噴火をしているかによって決まります。

　圧力の高い火山ガスが爆発的に噴出し、噴煙が10000m以上にも上昇する噴火を「ブルカノ式噴火」と呼びます。火山灰、火山礫、火山岩塊が多量に飛び、粘性の大きな安山岩質の溶岩を流出します。

　イタリア半島の南端に位置するリパリ諸島は火山列島で、その最南端のブルカノ島はローマ時代から大爆発を繰り返し、地中海の溶鉱炉と称されていました。その爆発力からローマ神話の火の神・ウルカンがいると信じられていたのです。ラテン語のウルカヌスがイタリア語でブルカヌス（ブルカノ）と呼ばれるようになり、

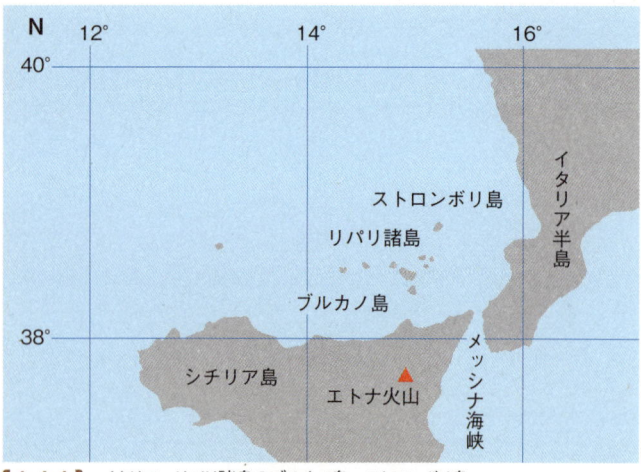

| 1-4-1 | イタリア・リパリ諸島のブルカノ島、ストロンボリ島 |

大爆発の火山用語にもなったのです。

　ブルカノ島の噴火口は直径が800m、火口縁の最高点も標高が500mで、麓の村から1時間程度で火口縁に登れ、さらに40分程度で火口縁を一周できる小さな火山体です。しかし、その爆発力は大きく、ボルカノロジー（火山学）、ブルカノ式噴火などと火山用語として使われています。

　現在、日本では浅間山がこの種の噴火をすることで知られています。

　発泡した溶岩を10000m以上に噴き上げ、大量の軽石、スコリア、火山灰などが、広く厚く堆積する噴火を「プリニー式噴火」と呼びます。イタリアの古代都市ポンペイを破壊した79年のベスビオ山の噴火がその典型です。浅間山もこの種の噴火を起こします。

　大爆発や噴出した溶岩の崩壊にともなって、高温のガスに火山灰や火山弾、火山岩塊が混じり混層流となって高速で斜面を流

1-4-2 ブルカノ島

れ下る現象を「火砕流」と呼びます。高温のガスや灰の流れは「熱雲」とも呼ばれます。いずれにしても山麓の景観を一変させるほどの噴出物が堆積し、周辺に大きな災害を引き起こします。

火砕流の発生とともに「火砕サージ」が発生することもあります。高温の気体の流れですが、火山灰や噴出物を含みます。水蒸気爆発や岩屑なだれなどが混じると破壊力が大きくなります。

世界的な例として有名なのは1902年、西インド諸島マルチニーク島のモンプレー火山の噴火です。山頂から山麓へ熱雲が20m/sの高速で斜面を流れくだり、6～7km離れたサン・ピエール市の市街と港に停泊中の船舶を焼き払い、28000名が亡くな

【1-4-3】 浅間山のブルカノ式噴火（1973年2月15日）。中央斜めの白い線は火山雷

りました。助かったのは地下の牢獄にいた2名の囚人だけだったそうです。

このような大規模な火砕流が発生した噴火を「プレー式噴火」と呼びます。日本では浅間山の天明の噴火(1783年)が、この型の噴火として知られています。

比較的粘性の低いマグマがボカーン、ボカーンと間欠的に爆発を繰り返す噴火が「ストロンボリ式噴火」です。半固結の火山弾や火山礫などを数100mの高さまで吹き飛ばす爆発を繰り返します。ブルカノ島の北東40km、リパリ諸島の北東端に位置するストロンボリ島は、過去2000年以上の長い間、一定の時間間隔で小さな爆発を繰り返し、火山弾や火山礫などを噴出する火山として知られています。夜間にはその噴火が花火のように見えて、航海する船舶のよい目印となり、「地中海の灯台」と呼ばれています。

ストロンボリ島と同じような小さな爆発を繰り返す噴火様式

1-4-4 ベスビオ火山とポンペイの遺跡

はストロンボリ式噴火と名づけられました。日本でもこの様式の噴火をする火山は多いです。

　粘性の低いサラサラとした溶岩が山体の割れ目から噴出する噴火を「ハワイ式噴火」と呼びます。流れでた溶岩は広がって平坦な地形を形成します。噴火口付近には溶岩湖が出現することがあります。

　大規模な割れ目から短い期間に多量の溶岩が流出し、広大な玄武岩台地を形成するのが「玄武岩質洪水噴火」です。インドのデカン高原のほか、アメリカのコロンビア川台地、アイスランドのラカギガルなどがその例です。少なくとも20世紀以後、日本ではこの種の噴火は発生していません。

　地下からマグマが上昇してきて噴火するのではなく、火山体内

1-4-5 浅間山のストロンボリ式噴火（2009年2月2日、02時08分）

部の熱せられた水や火山ガスが一気に噴出する爆発が「水蒸気爆発」です。爆発力が強大なため「ウルトラブルカノ式噴火」とも呼びます。激しい爆発で山体が大きく吹き飛んだ1888年の磐梯山の噴火が、日本ではこの種の噴火として知られています(3-7参照)。

マグマが地下水や海水と直接接触して起こるのが「マグマ水蒸気爆発」です。噴出物にマグマ成分が含まれる点が、たんなる水蒸気爆発とは異なります。

1つの火山が1つの噴火様式を繰り返すとはかぎりません。ストロンボリ島もブルカノ式噴火を起こしたこともあります。浅間山もブルカノ式、プレー式、ストロンボリ式など、いろいろな様式の噴火を繰り返してきました。それは噴火様式がそのときの地下やマグマの物理状態により、いろいろな形になるからと考えられます。

1-4-6 割れ目噴火(ハワイ式噴火)の例・1986年11月の伊豆大島の噴火(写真提供:東京大学地震研究所)

1-5 火山噴火のからくり

　火山の噴火は地下深部から上昇してきた高温のマグマにより、熱せられた地下の物質が急激に噴出する現象です。地表面の岩盤というふたを突き破って急激に噴出する状態が爆発です。地球内部に高い圧力で閉じ込められていた物質が、地上に噴出した結果、圧力が減じ、爆発するのです。マグマは不揮発性成分と揮発性成分から構成されています。地表に噴出し、流れだしたマグマが「溶岩」です。溶岩が冷えると不揮発性成分の物質が固まり岩石になります。噴出した溶岩が広く形成する溶岩原は、マグマの不揮発性成分が固結したものです。

　マグマの揮発性成分は火山ガスで、微量には硫化水素や二酸化硫黄などが含まれますが、その95％は水蒸気です。

　日常生活で火山噴火と同じような現象を台所で見ることができます。水を入れたやかんを火にかけ熱すると、沸騰してやかんの口から水蒸気が吹きだします。水の沸騰が続くと、吹きでる水蒸気も勢いを増します。やかんの口から一気に吹きだす水蒸気がもっとも簡単な「水蒸気爆発」です。水蒸気爆発では水蒸気の勢いで周囲の岩石を破壊して、噴き飛ばしますが、決してマグマが噴出しているわけではありません。しかし「マグマ水蒸気爆発」では、噴出物にマグマが含まれています。

　やかんの水でなく鍋に入れたカレーやあんこではどうなるでしょうか。この場合はドロっとしているぶんだけ粘性があって、マグマに近い状態です。熱すると表面のあちらこちらからブツブツと泡が吹きだします。では、鍋の表面積を小さくしていったらどんなことが起こるでしょうか。ここからは思考実験です。

「面積が狭くなるぶん、あちこちで吹きだしていたのが、1カ所に集まりだすでしょう。鍋の底の面積は変わりませんから、同じように熱せられます。すると1回の吹きだしの力は大きくなり量も多くなるはずです。この状態がマグマが関与している火山噴火です」

実際の火山噴火は鍋の中のカレーやあんことは比較にならないほど複雑ですが、原理的にはほぼ同じです。ジェームス・ワットは湯が沸騰してやかんのふたがもち上がるのを見て、蒸気機関を発明するきっかけになったという逸話がありますが、火山現象のアナロジー（類似）として見ても、いろいろなことに気がつくでし

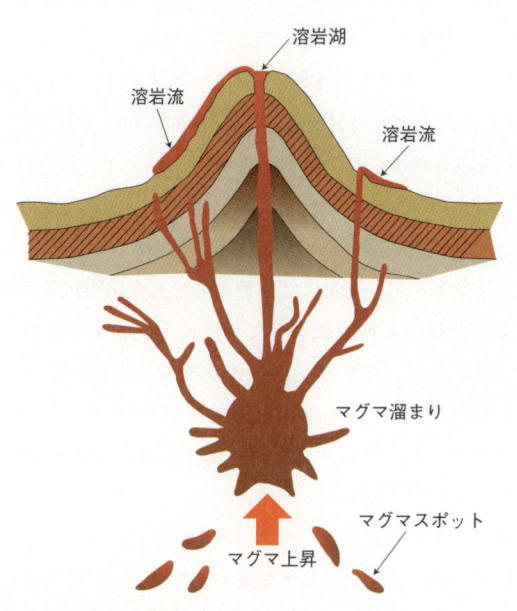

| 1-5-1 | 火山体の断面図

よう。自然現象の解明には観察や実験が重要であることの一例です。

実際の火山体では、地下深部で発生した高温のマグマが、浮力によって岩盤の隙間を通って上昇し、火山体直下に集まり「マグマ溜まり」を形成します。このマグマ溜まりは火山体直下に潜在していて、人間の目に触れることはありませんが、ほとんどの火山体に存在すると考えられています。

地下深部からのマグマの上昇が続くと、マグマ溜まりの質量や圧力が増大して、噴火口へと通ずる火道を通って上昇を始めます。その上昇が続き火道内の圧力が高まると、火口付近の岩石を噴き飛ばし、噴火の発生となります。

上昇してきたマグマが火口底に達し、火道との間に障害物がなくなると、サラサラと火口底に流れ込み充満します。これが「溶岩湖」です。マグマの上昇が続くと、溶岩湖内のマグマは溶融状態のまま長い間存在し続け、ときには火口の外へと流れだします。

伊豆大島の溶岩は玄武岩質で粘性が低いという特徴があります。そして火山活動が活発になると、溶岩湖が出現する火山としても知られています。噴火口縁から見ると、溶岩湖の表面は黒っぽく固結して見えますが、夜間には山麓からでも火口周辺はボーッと赤く見え、周辺の雲にも反射して、赤く見えます。この現象を「火映現象（かえい）」と呼び、溶岩湖の有無の判断や、火山活動の程度の判断にも使われます。火映現象が出現しているときは、火山の活動が活発なのです。伊豆大島では山麓から火口周辺が赤く見える現象を「御神火（ごじんか）」と呼んでいます。

日本列島の火山では、深部でのマグマの形成はプレートの沈み込みによって発生する摩擦熱と考えられています。世界の火山分布を見ると（1-2-2参照）プレートの湧きだし口やそのまん中にも

ホットスポットの火山が存在しています。ともに地下深部の熱によってマグマが創出されると考えられています。

1-5-2 南極・エレバス山の溶岩湖（1986年12月）。30年以上も溶岩湖が存在しているめずらしい火山

1-5-3 浅間山の火映現象。白いスジは長時間の露出による星の軌跡

1-6 火山噴火の創出したもの

　日本列島の変化に富んだ美しい自然景観は火山噴火によって創出された部分が少なくありません。「白扇を逆さにした」とたとえられる富士山をはじめとする数々の成層火山は、それぞれの地でシンボルとなり、人々に親しまれています。

　カルデラ湖をはじめ、溶岩や火砕流の噴出で川がせき止められてできた池や湖水が、火山体周辺には数多く点在します。これらの湖水は火山と一体となって、美しい景観をよりいっそう美しく山紫水明の地を創出しています。

　火山体周辺には溶岩流が途中で止まったり、火砕流の堆積などにより地形に段差ができ、滝が多いです。溶岩の層とその上の火山灰や噴出物の層の間を伏流水が流れ、崖から流れ落ちているときには幅広く流出しているところがあります。そんな形の滝は「白糸の滝」(富士山麓、浅間山麓)、「千条の滝」(箱根山中)などと名づけられています。

　砂漠のようで無味乾燥な山体斜面でも、注意深く観察すればいろいろおもしろいことがわかります。たとえば転がっている小さな岩石1つひとつにも、噴出したときの状態が記録されています。マグマが噴き飛ばされると空中で揮発性成分はなくなり、不揮発性成分が冷えて岩石として地上に落下します。こんな岩石を「火山弾」と呼びます。マグマ片が噴き飛ばされ、空中で冷えて固結すると砲弾型の火山弾が生まれます。「紡錘状火山弾」はその典型です。

　粘性の高いマグマが噴き飛ばされ、地上に落下すると食パンの塊のようになり、「パン皮状火山弾」などと呼ばれます。「軽石」は

揮発性成分が完全に抜け、表面には無数の穴があき、不揮発性成分のみが残ったものです。

　溶岩原の表面にも注意して見るといろいろな表情が見られます。板状や縄状の溶岩は「パホイホイ型溶岩」と呼ばれ、高温（1200℃ぐらい）で粘性の低い玄武岩質のマグマが流出したものです。「流

1-6-1 風光明媚な風景・冬の北海道の羊蹄山

1-6-2 浅間山山麓の白糸の滝

れやすい溶岩」ということを頭に入れてみると、いろいろなことに気がつくでしょう。ハワイの火山はパホイホイ型の溶岩をだすことで知られています。パホイホイそのものがハワイ語で「縄目状の形をした溶岩」を意味します。

低温（950℃〜1000℃ぐらい）で粘性の高い安山岩質、流紋岩質のマグマが噴出すると「ブロック（塊）状溶岩」になります。溶岩原には多面体の溶岩塊が積み重なっています。浅間山麓の「鬼押し出し」はその典型です。

2つの型の中間型が「アア溶岩」です。揮発性成分が抜け表面は多孔質でざらざらしています。

高温の溶岩が立ち木に付着し、木が枯れて中が空洞になったり、流れでた火砕流が林に流れ込み、樹木を焼きつくし空洞の孔だけが残っています。これらを「溶岩樹形」と呼びます。

高温で流れやすい溶岩流は表面が冷えて固結しても、内部はやわらかく流動を続けます。その結果、溶岩流の中に空洞ができます。「溶岩トンネル」と呼びますが、大きな溶岩トンネルになると人が立って歩けるほどです。富士山麓にある風穴とか氷穴は溶岩トンネルです。

火山周辺に湧出する温泉は、日本ではごくあたり前の存在になっていますが、全地球的に見れば、むしろめずらしい現象です。火山と温泉のかもしだす風景は、日本人の精神をはかりしれないほど癒し、温厚な性質の源になっているといって過言ではないでしょう。

そんな火山ですがひとたび噴火が起これば、そこには甚大な災害が発生することも、めずらしくありません。火山噴火によって起こる災害を「火山災害」とか「噴火災害」と総称しますが、それは火山体周辺だけで発生するわけではありません。

噴出物が流入して川をせき止め、そのせき止められて出現した湖水が決壊して、下流に大量の水害をもたらします。河川の水害ばかりではありません。津波が発生するときもあります。

1883年に起こったインドネシアのスンダ海峡のクラカタウ火山の爆発では、火山島が消滅し、大津波が発生しました。死者は

1-6-3 深さ200mの火口底から飛ばされた浅間山火口縁の巨大な火山弾（写真提供：東京大学地震研究所）

1-6-4 アフリカ・ニイラゴンゴの1977年の噴火で形成された溶岩樹形（撮影：植木貞人氏）

36000名を数え、そのほとんどが津波に流されたのです。

大きな火山災害の1つが全地球的に発生する冷害です。クラカタウ火山の噴火で10000mの上空に噴出した火山灰は、地球全体を包み込むように拡散し、数年間にわたり空中を浮遊し続けました。その結果、地球表面への太陽エネルギーの入射が減り、気候異変が助長されました。そして、農作物に冷害が発生し、数年間世界的に食糧難が続きました。

1991年6月に起こったフィリピン・ルソン島のピナツボ火山の噴煙は成層圏にまで達しました。1993年、日本では低温の気候異変が続き、米が不作となり、緊急に外国から輸入されましたが、この日本の冷害もピナツボ火山の噴火が原因でした。

このように火山噴火の災害は、火山体周辺ばかりでなく、全地球的規模におよぶことがある、恐ろしい現象であることを忘れてはなりません。

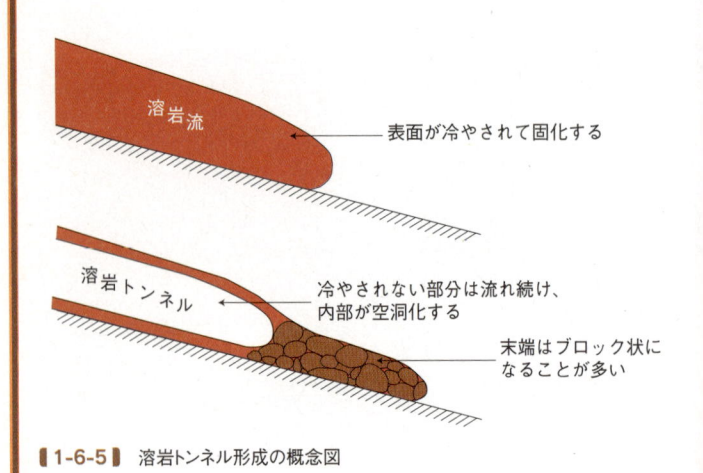

1-6-5 溶岩トンネル形成の概念図

【1-6-6】 イタリア・エトナ火山山頂付近の溶岩トンネル

【1-6-7】 溶岩トンネルの上部がなくなり、またそのトンネル跡を新たに流れてきた溶岩

1-7　火山と地震

　火山体周辺で起こる地震を総称して「火山性地震」と呼びます。火山性地震に対して日常その発生が心配されている地震は「構造性地震」と称します。構造性地震は断層が動いた結果として起こります。そこで「活断層」が注目されるようになったのです。

　火山体周辺にも活断層がありますが、少なくとも火山体内にはその存在は考えにくいです。構造性地震のマグニチュードは最大8クラスの巨大地震からマグニチュードが0以下の微小地震や極微小地震まで、大小さまざまです。火山性地震になるとそのマグニチュードは最大でも5程度で、ほとんどはマグニチュード4以下の中・小地震から微小地震です。

　火山性地震は以下の4種に大別されます。

① 火山体直下の比較的深い地震(震源の深さ1～10km程度)、「A型地震」とも呼ぶ
② 山体内の地震(深さ1kmから海面より高い領域)、「B型地震」とも呼ぶ
③ B型地震と同じ震源域で発生する「N型地震」
④ 爆発地震

　①の地震は波形の初動の立ち上がりがシャープで、P波(タテ波)、S波(ヨコ波)がはっきりとしている構造性地震と同じような波形であるのに対し、②の地震の波形は紡錘形で、P波、S波が区別できません。③のN型地震は火口付近で起こる流体の振動と思われています(4-4参照)。

火山体周辺では「火山性微動」あるいは「火山性脈動」と呼ばれる連続した振動が発生することがあります。この振動にも2つの型があり、①山体内で小さな地震がほとんど連続的に発生している、つまり山体内のあちこちで連続的に岩盤の破壊が起きている、②周期がやや長い連続的な振動で、マグマやガスなどの流体の振動、とが考えられています。

1-7-1 浅間火山観測所で観測されたA型地震の波形

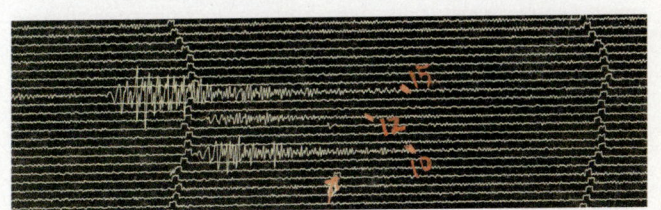

1-7-2 浅間火山観測所で観測されたB型地震の波形

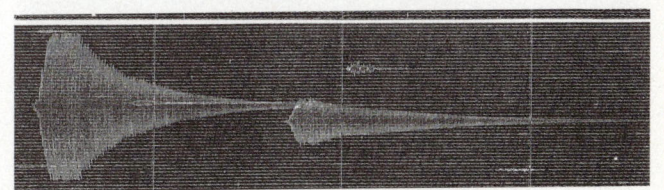

1-7-3 浅間火山観測所で観測されたN型地震の波形

近年、富士山直下などでは、周期1秒以上の低周波地震が観測されています（5-2参照）。

一般的にしばらく活動していなかった火山では、まず地下の深いところで地震が起こりだします。その震源は次第に上昇し、浅いところでも地震が起こりだし、やがては山体内でも地震が起こりだします。その地震が連続的に起こり火山性微動となると、ほぼ間違いなく噴火が起こり、それにともない爆発地震も記録されます。

火山性微動は火山性地震と無関係に、突然起こりだすこともあ

1-7-4 浅間火山観測所で観測された火山性微動

1-7-5 浅間火山観測所で観測された1973年2月1日の噴火にともなう爆発地震。噴火の前に数多くのB型地震が発生しているのがわかる

りますが、山体内の地震に続いて火山性微動が発生したようなときには、噴火する割合は相当に高いです。またそのようなときには「地鳴り」や「鳴動」も起こることがあります。ともに地面の振動が空気をも振動させるためと考えられています。

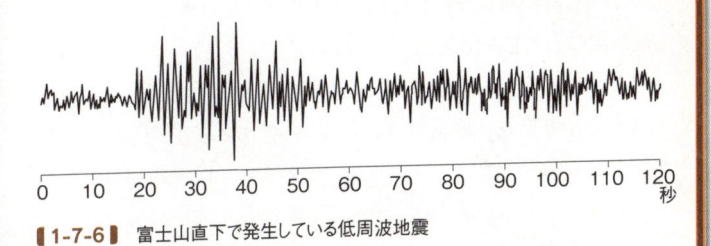

1-7-6 富士山直下で発生している低周波地震

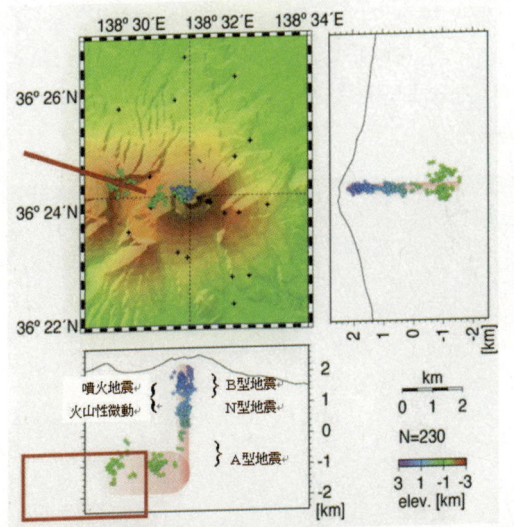

1-7-7 観測機器が高性能になった浅間火山観測所の地震計で記録された2004年の震源分布。平面分布のほか東西断面、南北断面の分布を示している。赤線、赤枠はマグマの貫入が推定される領域

1-8 火山活動を監視する

　火山を地球物理学的に調べたり、その活動を監視する手法として、まず「地震観測」が取り入れられました。その結果、火山体周辺での地震が起こりだしたり、その数が急激に増えたりしたら、しばしば噴火に直結することがわかってきました。

　マグマが地表近くに上昇すると、地下の質量が増え、重力値が大きくなります。逆に噴火で溶岩が流出すると、地下の質量が減り、重力値も小さくなります。このような性質を利用し、地下の構造やその変化を知るために、「重力の測定」や連続観測も、多くの火山で実施されるようになりました。

　マグマが上昇し、噴火が近づくと、土地は膨れ上がります。噴火しそうな地点の地面は隆起し、そのぶん、付近の土地は傾斜します。そのような変化に応じて、土地は伸びたり縮んだりしま

1-8-1 山体のあちこちで実施されている重力測定

す。このような土地の変動は「地殻変動」と総称されます。

　1960年代ごろまで、地殻変動の観測は水準測量や光波測量など測地・測量が実施されていました。光波測量は光の速度を利用して、2点間の距離を測定する手法です。このような測量は野外作業で実施されますので、人力も必要ですし、天候にも左右されます。

　測量技術には宇宙技術が少しずつ導入され、簡便になっていきました。そして1990年ごろからは「GPS（汎地球測位システム、い

【 1-8-2 】　浅間山頂に設置されたGPSアンテナ

【 1-8-3 】　山体のあちこちで実施されている地磁気測定

わゆるカーナビ)」が導入され、天文測量を実施しなくても、地球上どこででも簡単に位置の測定ができるようになりました。火山体の適当な場所にGPSアンテナを設置することにより、2地点間(アンテナとアンテナ間)の距離や傾斜が求められるようになりました。つまり火山体の地殻変動が連続的に、しかも容易に得られるようになったのです。技術の進歩によって、ほとんど労力を必要としないで火山体の動きを連続的に監視できるようになりました。

　マグマという高温物質の動きは岩石の磁気の値にも少なからず影響をおよぼします。火山体を構成する岩石は、その割合に多少の差はありますが「強磁性鉱物」が含まれています。特に玄武岩質の火山では強磁性鉱物を多く含みますので、「地磁気の異常」が大きいです。このため火山地域での「地磁気の測定」も重視され、磁力計を設置して、連続観測が実施されています。その結果、地磁気の時間変化と火山活動との関係や、火山体内部の物理的な

【 1-8-4 】 浅間山山腹に設置したミュオンのセンサー

変化を検知できるのです。

高温物質の移動は当然、地下温度にも大きな影響を与えます。「地下温度」の連続観測も火山地帯では重要な観測項目になっています。

このように重力、GPSや傾斜計による地殻変動の連続観測、地磁気や地温の連続観測は、火山を地球物理学的な視点で見る、あるいは監視する基本情報です。そのため火山観測所が設置されているような、活動度の高い火山では、これらの観測はほぼ定常的、連続的に実施されるようになりました（4-6参照）。

火山体内部を調べる手法として、近年は宇宙線ミュオンが使われるようになりました。ミュオンを使って火山体の「レントゲン写真（ミューオグラフィ）」を撮る方法です。

超新星の爆発により宇宙空間に放出された高エネルギーの宇宙線は、地球の大気圏に突入し、大気と衝突することにより、2次宇宙線が生成されます。この2次宇宙線の中に「ミュオン」と呼ばれる透過力の強い粒子が含まれ、「宇宙線ミュオン」と呼ばれています。

ミュオンは対流圏内でつくられ、地表付近には荷電粒子としてはもっとも多く到達しています。電子の207倍の質量をもち、電子よりも透過力が強く、一晩で100万個のミュオンが人体を通り抜けています。この性質を利用して火山体内部を探ろうというのです。

火山体の中心に向けて写真乾板（ミュオン検出器）を設置します。するとミュオンは火山体の中を通り抜けて検出器に記録されますが、もし火山体内にマグマがあると、その透過する量が異なり、記録されますので、あたかもレントゲン写真のように火山体内部のマグマの変化が検出されるのです（1-9-1、4-7参照）。

1-9　火山噴火の予知はできるか

　現代の「火山の科学」では残念ながら、天気予報のように「火山の噴火」を予知することはできません。噴火を予知する共通の方程式は、学問的には未完成です。

　「火山噴火予知」とは、その火山が「いつ、どこから、どんな様式」の噴火を起こすかを明らかにしなければなりません。さらにその噴火が始まったあとは、その噴火が「どのくらい継続するか」の推定も必要です。噴火する日時の推定は、避難する人々にとって重要です。間に合わなくても困りますが、逆に早すぎるのも、いろいろ混乱のもとになります。

　「地震予知」と異なるのは、地震の発生する場所はあいまいですが、噴火する火山は決まっている点です。その火山体からの噴火地点は山頂、山腹、山麓どこからかの予測が必要です。周辺住民の避難を考えるとき、噴火地点の特定ができれば混乱は最小限に抑えられるでしょう。

1-9-1　ミュオンによりマグマの位置が識別され、噴火の時期が予測されてくる（薩摩硫黄島の例）（資料提供：東京大学地震研究所）

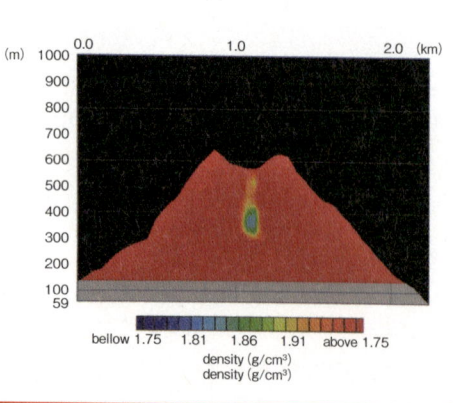

「どんな様式」の噴火になるかが、もっとも重要な情報です。たんなる水蒸気爆発程度ですと、一般にはそれほど被害はともないません。ストロンボリ式噴火でも、程度の差はありますが、噴出物も少なく、やはり混乱は少ないでしょう。

しかしマグマ水蒸気爆発やブルカノ式噴火では、爆発による多量の噴出物が予想されます。さらに溶岩の流出、火砕流、火砕サージの発生が予測されれば、その影響する範囲は広範囲におよび、避難も急を要するでしょう。

いくつかの火山では噴火の前に地震が頻発します。したがって、過去の経験則から、そのような火山では、地震が頻発してきたときには「要注意」ということで、避難指示がだされます（2-5、7-5参照）。有珠山は地震が頻発するとかならず噴火が起こっていました。その性質をよく知るようになった有珠火山観測所では、2000年の噴火のとき、「かならず噴火する」と判断し、自治体に「避難命令」をだすように助言し、史上初めて噴火前に周辺住民の避難が完了していました。

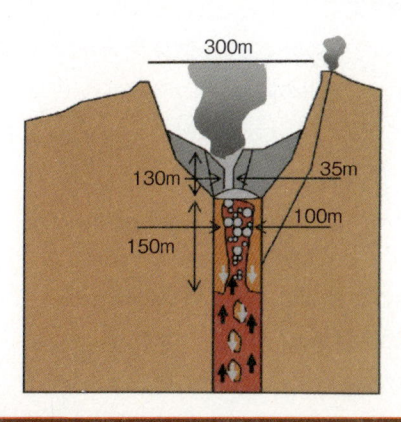

近年、地下に上昇してきたマグマの位置が正確にわかるようになってきました。その位置の変化から、何カ月も前からその噴火時期を予測する研究も始まっています。

1-9-2 左図からこのような地下構造モデルが得られる（資料提供：東京大学地震研究所）

1-10 火山防災マップ

　火山防災マップは「ハザードマップ」とも呼ばれ、それぞれの火山で起こるであろう噴火を想定して、火山体周辺の住民の避難場所や避難経路を書き込んだものです。各自治体が専門家の協力を得て、それぞれの火山に応じて、災害に直結するような現象を示し、災害予測をして作成されています（コラム4参照）。

　噴火によって想定される火山灰の分布や噴石の到達範囲はもちろん、過去の溶岩流、火砕流、土石流、火山泥流などを参考に、噴火の規模を想定して、将来の噴火でのそれぞれの発生場所や到達範囲が示されています。火山現象の用語の解説もあります。

　自治体が住民に対し、各火山の広報活動や啓蒙活動の資料として、有効に活用されるよう配慮されています。防災マップにもとづき、日常的に行政と住民とが互いに情報、知識を共有しておくことが必要です。

　2000年の有珠山の噴火では、防災マップにもとづいて、約1万人の住民の避難がほぼ1日で完了しました。初めて噴火前に必要な住民全員の避難が完了した成功例であり、防災マップの有効性を示した例でもあります。有珠山の防災マップは改訂され、新しい版が全戸に配布されています。

　火山防災マップの作成に協力している専門家は、常に過去のその火山の最悪の噴火を想定して、防災マップに示すことを主張します。したがってどの防災マップも最悪のケース、何百年に一度起こるかどうかのケースが強調され、表示される傾向があります。有珠山のようにすでに改訂された防災マップもありますが、自治体がつくる防災マップが有効に活用できる期間は10年、ど

んなに長くみても30年は無理でしょう。行政の実態も変化するからです。防災マップの有効利用には住民の知恵も必要なのです。

浅間山火山防災マップ 2003年版
～ 活火山・浅間山を知り、火山と共生するために ～

軽井沢町

1973(昭和48)年3月10日 噴火から3分後に撮影

- 浅間山は、私たちに多くの恵みを与えてくれる山です。一方で何度も噴火を繰り返してきた活火山でもあります。
- 天明の噴火(1783年)では、死者1400名以上、流失家屋1000棟以上もの被害を出しました。また、明治時代末期から昭和30年代にかけては、小規模ながらも爆発的な噴火がひんぱんに発生していました。
- 浅間山が活火山である以上、いずれまた噴火して、周辺の地域に被害をもたらす可能性があります。
- この「浅間山火山防災マップ」では、浅間山の過去の火山活動を紹介するとともに、噴火した場合の火山災害の予想などについて記しています。
- 万一の噴火に対する日頃からの備えに活用するために、この火山防災マップを作成しました。

このマップに関するお問い合わせ先
- 軽井沢町 総務課　電話 0267-45-8298

火山の異常をみつけたときの連絡先
- 気象庁火山監視・情報センター　電話 03-3211-7952
- 気象庁軽井沢測候所　電話 0267-45-1304

浅間山のことをより詳しく知りたい方へ
より詳細な情報は、インターネットの以下のアドレスでご覧になれます。
気象庁　　　　　　　　http://www.jma.go.jp/
国土交通省利根川水系砂防事務所　http://www.ktr.mlit.go.jp/tonesui/

1783(天明3)年の噴火絵図（浅間山夜分大焼之図）

発　行　軽井沢町
監　修　国土交通省利根川水系砂防事務所・長野県・群馬県
　　　　浅間山ハザードマップ検討委員会（委員長：東京大学名誉教授　荒牧重雄）
作成協力　小諸市・佐久市・御代田町・長野原町・嬬恋村
調査制作　(財)砂防・地すべり技術センター
資料提供　（株）帝国書院、旭梶籌、防衛庁、新井伸夫、気象庁精気象課長、石田知也、小山邦彦（東京大学地震研究所）、（株）クオリテクノ、白尾元美、（株）フォト・サービス、土屋智寛、（株）フォト・サービス、加藤輝之助、PANA通信社、菅崎家英夫、（株）読売新聞東京本社　イラスト：すすきのぶお
印　刷　（株）サンワ

平成15年11月作成

1-10-1　防災マップの例

COLUMN 1
火山を注視する ❶

　浅間山西側登山道の途中に「火山館」という山小屋がありました、現在は長野県小諸市管理のもと、ふだんは登山者の休憩場所、緊急時には避難小屋として存在しています。

　山小屋の主人だった金重(かねしげ)じいさんは、地元の人たちからは「きんじゅうさん」と呼ばれ、50年もの間、山小屋に住んで多くの登山者たちのせわをしてきました。

　ある日、数人の若者がやってきました。翌朝、若者たちは山頂へ向かうため山小屋を出発しようとしていました。いつもと違う山の様子に気づいた金重じいさんは、「いま登ったらあぶないで。頂上に行くのはやめろや」と止めました、「なあに、山に行くのはおれたちの勝手さ」若者たちはそう言い残し、じいさんの話など聞かず山頂へと向かいました。

　若者たちがそろそろ山頂に着くころと思われるとき、大爆発が起こりました。じいさんは「むりをしても止めればよかった」と後悔をしました。浅間山の噴火記録には、1930年8月20日8時10分爆発、男女6名死亡とあります。

　インターネットなどでたくさんの情報が得られるいまでは、山の状況をくわしく知ることができます。山小屋の金重じいさんの時代には、たくさんの情報を得ることはできませんでしたが、すなおな気持ち（人間の五感）で山と向き合うことにより、山の微妙な変化がわかるようになっていたのです。これこそ火山観測の基本だと思います。

　火山へ登るときは、「生きている山」であることを十分に理解してから登ってください。

（小山）

第2章

北海道の火山

北海道には、透明度の高さで観光地として人気の摩周湖を生みだした摩周や樽前山、羊蹄山、利尻島、北海道駒ケ岳などの活火山が存在します。なかでも明治新山と昭和新山の2つの新山を生成した有珠山の噴火は、火山研究と噴火予知研究の観点から見て重要なものです。その記録をもとに詳細に解説していきます。

2-1 北海道の火山分布

　北海道の火山について述べるとき、北方四島、特に国後、択捉両島の火山は欠かすことのできない存在です。しかし、残念ながら日本の研究者による自由な調査・研究ができない現状ですので、本書では北海道本島にしぼって言及します。

　千島列島の延長線上にある北海道の火山群は、ほぼ東北東―西南西の線上に分布しています。北海道の火山の場合、もっとも古い活動記録でも17世紀で、東のほうの火山に関しては19世紀以後となります。

　知床硫黄山（ランクB：1562m、44度08分00秒N、145度09分41秒E）は知床半島の火山では最大で、少なくとも24万年前から

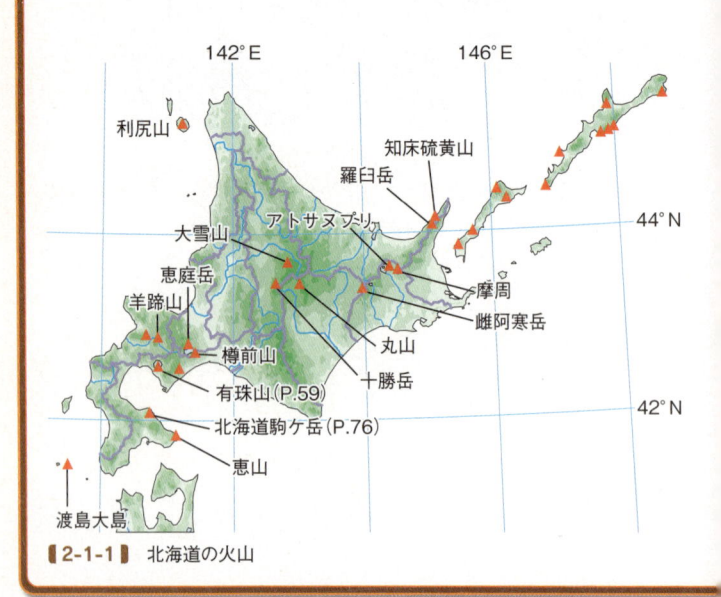

【 2-1-1 】　北海道の火山

活動を開始しました。山頂に爆裂火口が2つあり、火口壁上には溶岩ドームが生成されています。19世紀から4回の噴火が記録されています。しばしば多量の溶融状態の硫黄を噴出し、世界的にみてもめずらしい噴火様式の火山として知られています。

羅臼岳（らうすだけ）（ランクB：1661m、44度04分33秒N、145度07分20秒E）は知床半島中央部にある成層火山で、過去2200年間に3期の火山活動があったと考えられています。約1400年前にはプリニー式噴火が発生し、500年前の活動でも火砕流が噴出しています。

摩周（ましゅう）（ランクB：857m、43度34分20秒N、144度33分39秒E）は約7000年前に屈斜路カルデラ（東西26km、南北20km）の東壁上にあった成層火山の大規模な噴火により、摩周カルデラ（東西

2-1-2 摩周。摩周湖と摩周岳（中央ピーク）、その左の島は溶岩ドームのカムイシュ島

5.5km、南北7.5km)として生成されました。摩周カルデラの底には摩周湖が、その南東岸には摩周岳があります。摩周岳は3500〜1500年前には軽石や火山灰を噴出する活動により生成され、湖の中に溶岩ドームのカムイシュ島が出現しました。約1000年前には摩周岳からプリニー式の噴火が発生しています。

雌阿寒岳(ランクB:1499m、43度23分12秒N、144度00分32秒E)は、阿寒カルデラ(長径24km、短径13km)の南西壁上に生じた成層火山群です。山頂のいくつかの火口から小規模な噴火を繰り返しています。1927年以降の80年間で噴火は30数回、地震の頻発や有色噴煙の噴出も30回以上起きています。

十勝岳(ランクA:2077m、43度25分05秒N、142度41分11秒E)は約3000年前に最大規模の活動をして、山体崩壊や爆発的な噴火が繰り返され、火砕流も発生しています。約500年前からは中央火口丘からの溶岩流出があり、現在の活動もその延長線上にあります。20世紀以後今日まで小規模の噴火や地震の頻発など40回を超しています。積雪期に噴火をすると、小規模な噴火でも融雪により泥流が発生し、山麓の集落に被害をもたらしています。

樽前山(ランクA:1041m、42度41分26秒N、141度22分36秒E)は約9000年前から火山活動が始まり、消長を経て今日に至っています。17世紀以後の活動は活発な傾向が見られ、19世紀、20世紀を通じ40回以上の噴火や異常が記録されています。21世紀に入っても地震の群発や噴気活動の活発化などが報告されています。

羊蹄山(ランクC:1898m、42度49分36秒N、140度48分41秒E)は「蝦夷富士」の別称でも知られる美しい成層火山です。山頂には直径700mの火口、西北西斜面には北山火口をはじめとする側火口が並び、山麓にも火砕丘が点在しています。約5〜6万年前

からの活動で形成され、活発に噴火が繰り返され、溶岩流も噴出しました。その後の活動は側火口が中心で、1万年以降も噴火があったと考えられていますが、有史になっての活動は確認されていません。

恵山(えさん)(ランクB：618m、41度48分17秒N、141度09分58秒E)の火山活動は4〜5万年前に始まり、1万年前までに現在の山体は形成されました。8000年前の大規模な火砕流の発生により、現在の恵山溶岩ドームが出現しました。1846年の噴火では泥流が発生し、死者もでています。

渡島大島(おしまおおしま)(ランクB：732m、41度30分35秒N、139度22分02秒E)は日本海に浮かぶ火山島です。海底からの高さが2300mの成層火山で、直径4kmの無人島です。1741年の噴火では大規模な山体崩壊と岩屑なだれの発生により大津波が生じ、渡島半島西岸や本州の日本海側に死者1467名、流出家屋791棟の被害がでました。

2-1-3 樽前山

【2-1-4】 羊蹄山

【2-1-5】 利尻島:ランクC、1721m、45度10分43秒N、141度14分31秒E に位置する火山島(撮影:片島千枝子氏)

2-2　有珠山（1）―山頂噴火―

　有珠山(うすざん)（ランクA：大有珠の標高と位置：733m、42度32分38秒N、140度50分21秒E）は洞爺カルデラの南側に噴出した火山です。直径1.8kmの外輪山をもち、約2万年前から1万年前に形成された古い成層火山と、山頂と山麓に数多く分布する溶岩ドームから構成されています。山頂の溶岩ドームのために遠方からでも異様な山体が特徴的です。

　有珠山は数千年も活動を休止していましたが、17世紀に入り活動を再開して、20世紀最後となる2000年の噴火まで、8回の活動を記録しています。8回の噴火活動の記録は古文書も残されており、北海道の火山としてはその活動経過がかなりくわしくわ

【2-2-1】　有珠山遠景

かっています。特に1910年（明治43年）の噴火から近代科学の目での調査がなされ、世界的に見ても調査・研究の進んだ火山になっています。

　数千年間の静穏期を経て、1663年（寛文3年）8月12日、有珠山周辺で地震が頻発し始め、16日早朝に山頂からの噴火が始まりました。17日には地震・噴火とも激しさを増し、山頂から噴煙柱が高く上がり、軽石や火山灰が多量に噴出し、山麓の家屋が焼失して逃げ遅れた5名が亡くなりました。堆積した噴出物は東にほぼ45km離れた白老付近でも1m、100km離れた日高地方でも、10cmに達しました。降り積もった噴出物の総量は2km^{3}で、この莫大な量が2日間ほどの短い時間に噴出したのです。

　この噴火はポンペイを廃墟としたときのベスビオの噴火と同じ、プリニー式噴火と推定されています。

　この噴火からの100年間は、有珠山の火山活動は静かでした。1769年1月23日（明和6年12月16日）、有珠山は鳴動や地震が起こったあと、山頂からの噴火が始まりました。そして南東山麓へ向けて爆発とともに高温の火砕流（火砕サージ）が発生し、民家を焼きつくし、43名が犠牲になりました。この火砕流の堆積物は「明和火砕流」と呼ばれています。

　1822年3月09日（文政5年閏1月16日）、有珠山麓で地震が起こり始め、その数は次第に増えていきました。そして3月12日、山頂からの噴火が始まりました。噴火は次第に激しくなり、22日には山麓近くまで火砕流が流れ下りました。24日は噴火の最盛期となり、大きな火砕流が発生し、南東麓から西麓にかけて森林がすべて焼きつくされました。火砕サージにより南西麓の海岸近くの集落は焼失し、死者は82名、馬多数が死ぬという大災害になりました。噴火は20日間ほど続き、山頂火口内に溶岩ドー

ムが出現しました。このときの火砕流は「文政火砕流」と呼ばれています。

　31年後の1853年(嘉永6年)4月12日ごろから有珠山周辺で、地震・鳴動が始まりました。地震の発生は次第にその頻度を増し、22日には山頂の東部で噴火が始まりました。爆発とともに火砕流も発生し、1週間後には最大になり、月末まで続きました。山頂火口内には現在「大有珠」と呼ばれている溶岩ドームが出現し、夜間は一面赤く見えるほどで、2年経っても至るところから白煙があがっていました。「嘉永火砕流」と呼ばれている火砕流は山体の東側や北側に堆積していることから、集落のあった南麓方向に流れなかったので大災害が発生しなかったと考えられています。

　これら4回の噴火は、どれも山頂からの噴火でプリニー式でした。ところが20世紀に入り、新しい型の噴火が発生したのです。

2-2-2 山頂火口と溶岩ドーム群

2-3 有珠山(2) ―明治新山の生成―

1900年代に入ると有珠山では噴火が山麓で起こるとともに、新山が出現しました。

1910年(明治43年)7月19日、有珠山周辺で地震が発生し始めました。24日には最大地震が発生し、レンガ建ての倉庫が半壊したり、液状化現象が現れたりしました。この地震を感じた範囲は北東方向60km、南西方向140kmの楕円形の範囲で、地震の大きさから考えると、地震を感じた地域は狭く、震源が浅かったことを示唆しています。

地震から7時間半後の22時ごろ、有珠山北西麓の金比羅山で最初の噴火が始まりました。小さな爆発でしたが灰や小石を噴出、直径25cmの石が火口から400mの金比羅神社まで飛ばされました。

噴火地点は北麓の西丸山から東麓の東丸山まで、総延長2.7kmの範囲で次々と起こりました。噴火は激しい水蒸気爆発で地表の岩石を火口から200～300mまで噴き飛ばし、降灰は周辺数十キロメートルにおよびましたが、その量は多くありませんでした。7月28日10時ごろ、西丸山南側から新しい噴火が始まり、泥流が流れだし、800m先の洞爺湖へと達しました。泥流の速度は時速40～50kmで、1人が犠牲になりました。

1つの噴火口からの活動はただ一度の爆発で終わることはなく、数時間から1日、数日から2週間も続いたこともありました。黒煙を噴き、水蒸気を噴出し、また黒煙を噴くというように千変万化しました。

東丸山西斜面の噴火口からの活動は8月3日がもっとも激しいときでしたが、12時28～30分、36～39分、50～52分などに大

きな爆発が起こっていました。以下はそれに続く噴火活動の様子です。

8月3日

15時07分46秒　前の爆発活動が完全に終了

15時10分01～51秒　噴煙消える

　　　10分51秒　水蒸気噴出

　　　12分01秒　黒煙噴出すぐ白煙（水蒸気）となる

　　　15分51秒　黒煙噴出まもなく白煙

　　　20分51秒　黒煙噴出まもなく白煙

　　　23分21秒　黒煙噴出まもなく白煙

　　　30分51秒　白煙少量噴出

　　　35分56秒　大きな爆発、噴煙の高さ500m、
　　　　　　　　灰や小石降る

　　　40分31秒　前の爆発終了

　　　42分11秒　噴煙が完全に消える

2-3-1　明治新山（手前）と有珠山

これはほんの1コマの記録ですが、その活動が次々に変化する様子が理解できるでしょう。8月10日には28個の噴火口が確認されました。

　8月20日ごろになって、噴火している地域の土地が噴火前に比べて高くなっていることに気がつかれだしました。9月3日、4日にも大きな爆発が起こり、新しい噴火口が形成されました。土地の上昇も続き、山麓では傾いた家が倒壊し始めました。

　10月に入り爆発は沈静化し、隆起も休止状態になりました。そして有珠山北麓の西丸山－東丸山一帯が東西2700m、幅600mにわたり急激な隆起が起こっていました。隆起地域では、老木が火山灰におおわれながらも倒れることなく立っていました。

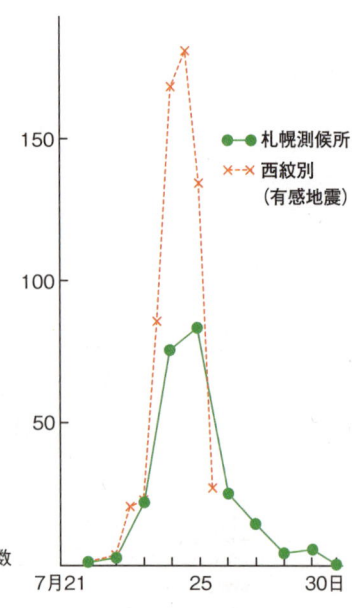

■ 2-3-2　地震の数の変化

11月8〜9日、新山の測量が行われ、噴火前は洞爺湖の湖面から55mの高さだった地点が210mとなり、155mも隆起していました。翌年4月の再測では、最高時より36m低くなっていました。

　11月10日の調査では、直径30〜250mの大きさの噴火口が少なくとも45個確認されました。新山は「明治新山」あるいは明治43年から「四十三山(よそみ)」と呼ばれています。

　一連の噴火活動は約100日間で、まず地震が発生し、続いて噴火が起こり、その結果として新山が形成されました。洞爺湖の湖畔には現在の「洞爺湖温泉」が湧出しました。

　東京帝国大学地震学教室の大森房吉教授が地震観測や測量を実施し、初めて火山に現代科学の観測機器が導入されました。

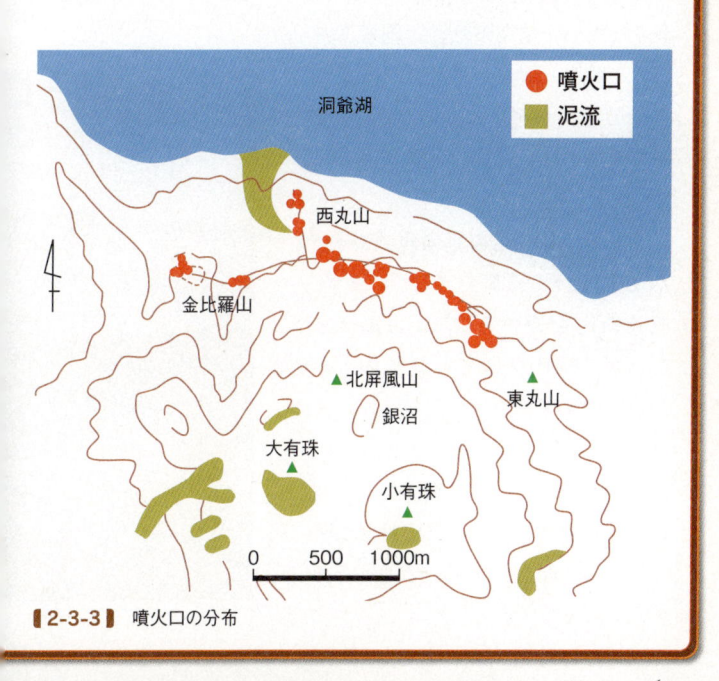

【2-3-3】　噴火口の分布

2-4 有珠山（3）—昭和新山の形成—

　1943年12月28日、有珠山周辺では33年ぶりに地震が頻発し始めました。その後、地割れ、土地の隆起が起こり、噴火へと続きました。そして東麓の麦畑の中に溶岩ドームが出現して、新山が誕生したのです。後日「昭和新山」と命名されたこの新山誕生に関する一連の活動は、1945年9月まで続きました。

　このとき、日本は第二次大戦末期から終戦にいたる混乱期でした。東京帝国大学地震研究所をはじめ北海道大学などの研究者も、有珠山の火山活動が起こっている事実を知っても、観測や調査に出向くこともままならない状況でした。しかし、地元の郵便局長だった三松正夫の熱意と創意工夫による観測・調査が継続され、「1つの山の誕生が完全に記録された」世界でも例のない貴重な資料が得られています。

　三松は後日『昭和新山』（講談社、1970年）にその詳細を著しています。昭和新山も還暦をはるかに過ぎましたが、時代を経ても興味のつきないドキュメンタリーとなっています。

　一般に昭和新山生成の活動は三期に区分されています。三松自身がそのように分類し、研究者たちもその分類に従っています。

第一期　活動前期(先噴火期)：1943年12月28日〜1944年6月22日

　1943年12月28日、有珠山周辺で地震が頻発し始めました。地震発生の初期は洞爺湖温泉付近が中心でした。1日に200回を超えることもあり、避難する人もいたほどです。1944年に入ると、震源の中心は次第に東麓方向へと移動していきました。東麓の柳原では地盤が隆起し始め、その隆起の中心も北へと移動していったのです。その隆起量は50mになり、集落は壊滅し、鉄道線路(当時の胆振線：室蘭本線伊達駅、(現伊達紋別)から有珠山や洞爺湖の東側を通り函館本線倶知安駅を結んでいた)を維持するため、たびたびレールを東側へと移動せざるを得ませんでした。壮瞥川の川床が上昇して、住民が必死で掘り下げても効果はなく、

2-4-1　有珠山と昭和新山(右端)

大きな池が出現しています。幸いなことに川の流れが速くなり、削り取る土砂の量が増えたようで、全活動期を通じて河川の氾濫は起こらなかったようです。また畑地には大小さまざまな地割れが生じ、最大のものは600mの長さになっていました。

6月22日には1日の地震総数は250回に達し、隆起量も1日に150cmにおよんでいます。1日で人間1人の背丈ほど隆起していたのです。

第二期　爆発期：1944年6月23日～1944年10月31日

6月23日午前8時15分、畑中に生じた地割れから音もなく噴煙が立ち昇り始め、まもなく轟音とともに大爆発が起こり、火山灰、火山砂礫の噴出が始まりました。三松はその著書で、その日の日記のあとに、次のようなコメントを残しています。

【2-4-2】 昭和新山

『とうとう噴火した。地下であちこち活動の場を求めて放浪していたマグマも、ついに空滝沢のここに弱点を見つけて爆発を起こしたのである（以下略）』

7月2日から噴火活動は激しさを増し、いよいよマグマは地表近くに上昇してきたようで、マグマ水蒸気爆発が発生し、火山灰にマグマ物質が含まれるようになりました。7月11日の爆発では火砕サージも発生し、北方の洞爺湖岸に流れ、林や家屋を破壊、焼失させました。

三松によると10月末までに『7個の火口をつくり17回の大爆発と無数の中小爆発』がありました。火山灰は火口から1km離れた地点で数センチメートル積もり、地盤の隆起も続きました。標高120～150mの畑地が海抜250mほどの「饅頭型の小山（屋根山）」として形成され、付近一帯の地形は一変してしまいました。明治新山と同じように潜在していたマグマがドーム状に地面を押し上げたのでした。

隆起活動は継続し、7月中旬から8月中旬の間、1日に2mも隆起を続け、全期間の最大値を示しています。

第三期　溶岩塔推上期（溶岩ドーム形成期）：1944年11月1日～1945年9月

この期に入ると爆発はまったく起こらず、屋根山中央部の新火口群の中から、ピラミッド状の溶岩が現れ始めました。三松は『いよいよ昭和活動の本体、固形溶岩推上期に入る』と記しています。

出現した溶岩ドームはその後も成長を続けましたが、1945年9月には地震活動もほぼ終息し、ドームの成長も止まりました。海抜407mの新ドームは「昭和新山」と命名されました。昭和新山の表面全体は高温の溶岩でおおわれ、冷却後はレンガのような固い

殻となりますが、誕生後もしばらくは、夜間には殻の割れ目から赤熱した溶岩が点々と赤く見られました。

　明治新山は地下で溶岩がドーム状に地面を押し上げて形成されたのに対し、昭和新山は溶岩が地表面に噴出して溶岩円頂丘を形成してできたのです。昭和新山は明治新山とは比較にならないほど大量のエネルギーを放出し、現在でも高い温度を維持し、噴煙が上がっているのです。

　昭和新山の成長は三松が窓枠に糸を張って、スケッチするという努力により、記録され続けました。その図は「ミマツダイヤグラム」と称され、その日記とともに貴重な新山誕生の資料となっています。ミマツダイヤグラムは、世界中の火山の教科書にはかならずといってよいほど掲載されています。

明治新山

昭和新山

【2-4-3】昭和新山と明治新山の違い

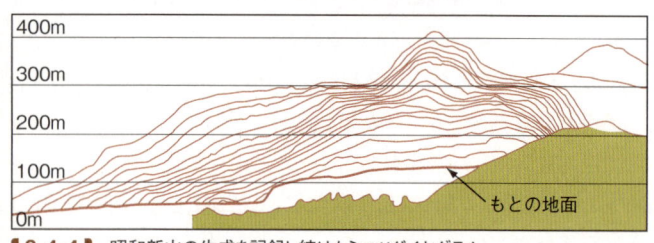

もとの地面

【2-4-4】昭和新山の生成を記録し続けたミマツダイヤグラム

2-5 有珠山（4）—噴火前に避難—

　火山研究と噴火予知研究推進の目的から、1977年4月に北海道大学理学部有珠火山観測所が発足して、有珠山の火山活動は年間を通じて、科学の目で監視される体制が整いました。

　その直後の1977年8月6日、早朝、有珠山周辺で地震が起こり始めました。地震の頻発が32時間継続し、翌7日の朝、山頂の火口原から噴火が起こりました。1時間後には噴煙の高さは12kmに達し、風に乗った火山灰は東方域へと拡散していきました。この噴火は2時間半ほどで休止しましたが、その後も大小の噴火が14日まで断続的に発生しました。

　このころの噴出物の総量は8300万m³に達しました。たまたま8日午後から9日朝に低気圧が通過し、降雨により火山灰はセメ

2-5-1 1977年12月のマグマ水蒸気爆発

ントミルク状の泥滴となり、樹木の枝や幹を折り、乾燥後は固化し、農作物や森林に多大の被害を与えました。

8月14日までが第1期噴火活動と位置づけられます。その後も地震の頻発が続き、マグマは上昇を続け、火口原も隆起を続けました。

11月16日から1978年10月27日にかけて、水蒸気爆発やマグマ水蒸気爆発が多発しました。ときには火砕サージも発生し、火口原から外輪山を越えて山麓に至りましたが、大きな災害には至りませんでした。この第2期噴火活動で火口原に大きな銀沼火口が形成されました。この時期は噴出物の総量は第1期の10%でしたが、山頂から山体全体をおおっていたため、山麓に泥流が発生し、家屋の半壊や浸水が起こり、犠牲者もでてしまいました。

地震と地殻変動は衰えながらも1982年3月まで続き、火口原に180m隆起した有珠新山(潜在ドーム)が形成されました。

外輪山の北東部は外側にせりだすように動き、北麓一帯は地殻変動により、家屋や道路が損壊するなど、かなりの被害がでました。このときの噴火活動は『有珠山大噴火』(日本放送協会、1978年)にまとめられています。

1977〜1978年の噴火から22年が経過した2000年3月27日、有珠山周辺で地震が頻発し、100回を超えました。28日、29日と地震の頻発は続き、28日には一部地域に自主避難を呼びかけ、400人が避難しました。29日、有感地震は628回に達し、伊達市、虻田町、壮瞥町で避難指示がだされ、約9500名が避難しました。

避難指示地域から全員の避難が完了したあとの31日13時07分ごろ、西山の西麓で最初の噴火が始まり、灰暗色の噴煙が高さ3000mに上昇し、東北東へと流されました。この噴火には弱いながら火砕サージもともないました。噴出物は破砕した軽石や火

山灰など、新しいマグマに起因する物質を多量に含んでいました。これはマグマに接触された地下水が沸騰して爆発したマグマ水蒸気爆発が起きたことを示しています。

4月1日、西山の西麓では次々に新しい火口からの噴火が起こり、洞爺湖側の金比羅山でも噴火が発生し、熱泥流も起こりました。

【2-5-2】 2000年3月の噴火地点

【2-5-3】 地殻変動で寸断された道路

その後、噴火活動は次第に小規模になりましたが、西山火口群では地殻変動が続き、高さ70mほど隆起し明治新山型の潜在ドームが生まれ、道路や家屋に被害がでました。

防災目的で日本の火山では、「防災マップ」の作成が国から奨励されていました。有珠山周辺の自治体はすばやく対応し、「有珠山火山防災マップ」をつくっていました。したがって、住民への噴火災害に関する啓蒙、広報活動がなされており、有珠山の特徴である「火山性地震の頻発⇒噴火発生」の特徴を理解する住民は多く、避難活動も順調にいったようです。

おそらく世界で初めて噴火の前に避難指示がだされ、人身災害が回避できたことは特筆に値します。火山学的には経験則ながら噴火が予知され、それにもとづいて避難が行われた初めての例です。地元の人々が経験した過去7回の有珠山噴火の経験が、科学の目で有効に活用されたのです。

避難指示に従っての避難はうまくいきましたが、避難解除ではいろいろ混乱もあったようです。噴火の規模も比較的小さかったこともあり、大災害には至らなかったものの、地殻変動や泥流、降灰で深刻な災害が起こりました。

特に明治新山生成時に湧出し、発展した洞爺湖温泉街は火口に隣接しており、「人間が火山に入りすぎている」との批判がでました。人間が火山地域でどのように生きてゆくべきか、「人間と火山の共生」は古くて、新しい問題です。

この噴火活動とそのときの人間の動きの顛末は『2000年有珠山噴火』(北海道新聞社、2002年)にくわしいので、興味ある読者は読んでみてください。

第2章 北海道の火山

【2-5-4】 地殻変動で破壊された家屋と道路

【2-5-5】 噴火後の火口原

2-6　北海道駒ケ岳

　北海道駒ケ岳(こまがたけ)(ランクA：1131m、42度03分48秒N、140度40分38秒E)は3万年以前に活動を開始した成層火山です。山頂部には南北1.5km、東西2kmの東に向かって開いたU字形の広い火口原があります。約5000年間の休止期間後、17世紀になって火山活動が再開しました。以来今日まで、50回以上の火山活動が記録されています。

　火口原には数個の小火口が点在し、1942年の噴火では、1929年の噴火で生じた大火口を通して、長さ2kmにおよぶ大きな亀裂が生じました。

　1640年(寛永17年)7月31日に大噴火が起こり、昼ごろに山頂の一部が崩壊し、岩屑なだれとなって東側と南側とに流れだしました。東側への流れは内浦湾に流れ込み、大津波が発生し、沿岸で約700名が犠牲になったと伝えられています。8月2日までは軽石や火山灰が噴出し、火砕流も発生しました。噴火活動は8月下旬には終息しましたが、内浦湾に面した出来澗崎はこのとき形成されました。

　南側に流出した岩屑なだれは、川をせき止め、大小の湖沼が出現、現在の大沼、小沼の景観が創出されました。大沼に点在する小島は、岩屑なだれの土砂が堆積したものです。

　1856年(安政3年)9月23日から山麓周辺で鳴動が始まり、25日早朝には地震が頻発し始め、9時ごろから激しい噴火が始まりました。噴火はプリニー式で、東麓や南東麓では多量の軽石や火砕流で被害がでています。

　1929年6月17日午前0時30分ごろから噴火が始まりました。10

時ごろには鳴動とともに大噴火が起こり、11時には噴煙の高さは13900mに達しました。上空に噴き上げられた噴出物は、午後からは降下し、火砕流も発生して大災害となりましたが、23時には噴火活動は急速に衰え、19日にはほぼ正常になりました。噴石、軽石の降下、火砕流などにより、家屋の焼失、全半壊、埋没など1915棟あまりに達し、山林耕地も多数被害を受けました。死者もでましたが、大きな火砕流が発生したわりには被害が少なく、これは午前中の爆発で多くの人が避難したためと考えられています。

　1942年11月16日午前8時ごろ、鳴動とともに噴火が始まりました。噴煙は8000mに達し、噴出物は南東方向に降下し、堆積し、山頂火口原に大亀裂が生じました。

　この噴火以後も、地震の群発や噴煙量の増加などは繰り返し発生しています。

　1996年3月5日にも地震が5回観測されたあと、噴火が発生し

| 2-6-1 | 東側からの駒ケ岳。U字形の火口原が開いている

ました。噴出物の総量は12万トンと見積もられています。

　2000年には7月ごろから噴気活動の活発な日が現れ、8月11日には付近で有感地震が起こりました。9月4日に噴火が起こり火口原内に長径1mの岩塊をはじめ、人頭大の大きさの噴石が多数見られました。

　9月28日、10月24日にも小噴火が起こり、火山灰の噴出が確認されています。10月28日の噴火では直径が数センチメートルの噴石やサージ堆積物が認められています。11月8日にも小噴火が発生して、降灰が認められました。

　2001年、2002年にも地震の群発や火山性微動の発生などの異常現象が観測されています。

　1981年に駒ケ岳周辺の5町の自治体が、将来起こるであろう大噴火に備え、全国で初めて「ハザードマップ」を作成し、全戸に配布しました。駒ケ岳火山をよく知り、大噴火のときの避難場所を平常時から頭に入れておいてもらう作戦です。

【2-6-2】　南側からの駒ケ岳。大沼小沼の景観は1640年の噴火で創出された

第3章

東北日本の火山

東北地方にはイタコで知られる恐山から岩木山、八甲田山、八幡平、那須岳、燧ケ岳などの活火山が存在します。このなかから特に19世紀や20世紀に噴火のあった岩手山や秋田駒ケ岳、鳥海山、吾妻山、安達太良山、磐梯山などについて、くわしく解説していきます。

3-1 東北日本の火山分布

　東北新幹線で東京駅から北上し関東平野がつきるころ、車窓の左手に日光の山々が見えてきます。遠方からでは、どの峰が男体山か、日光白根山か判然とはしませんが、火山が並んでいます。続いて見えてくるのが那須の山々、ときには茶臼岳の噴煙も見られます。郡山付近からは磐梯山(ばんだいさん)がピラミッド型に見られます。

　郡山を過ぎると安達太良山(あだたらやま)の峰々、それに続いて吾妻山の山々が並んでいます。「白石蔵王」の駅名にあるように、左手には蔵王連峰が眼前に見えます。栗駒山も「くりこま高原」という駅があります。盛岡に近づくと遠くに秋田駒ヶ岳、目の前に岩手山の美しい山体が見られます。青森県に入れば八甲田山(はっこうださん)を東側から、さらに北側から一望することになります。

　南北に並ぶ東北地方の火山の山並みを見ていると、「火山フロント」が実感できます。そしてその源がはるか東の太平洋にあることも、なんとなく理解しようという気を起こさせてくれます。

　日本海側にも岩木山(いわきさん)、鳥海山(ちょうかいさん)の美しい成層火山が並んでいます。

　東北地方には温泉が多く、そのほとんどは火山体の周辺にあります。ランクAの火山こそありませんが、数多くのランクBが点在し、ときどき噴火して災害を引き起こしています。

　恐山(おそれざん)(ランクC：879m、41度16分43秒N、141度07分12秒E)は、直径3kmのカルデラを有する成層火山です。カルデラの中心の宇曾利湖のほとりの噴気地帯は霊場になっていますが、過去1万年間に噴出した堆積物は見つかっていません。

　岩木山(ランクB：1625m、40度39分21秒N、140度18分11秒E)は山頂域に直径800mの破壊された火口があり、それを埋めるよ

うに2個の溶岩ドームがあります。美しい山体で「津軽富士」とも呼ばれます。有史以後の噴火は水蒸気爆発で、泥流が生じたこともあります。北東山麓地域一帯でしばしば群発地震活動が起こります。

八甲田山(ランクC:1584m、40度39分32秒N、140度52分38秒E)は南北16km、東西15kmの地域に18の成層火山や溶岩ドームが並んでいます。最高峰の大岳付近には活発な噴気孔があり

図3-1-1 東北日本の火山

ます。13〜14世紀に1回、15〜17世紀に2回水蒸気爆発が起こっています。近年有毒ガスによる死者がでています。

十和田（ランクB：御鼻部山の三角点の標高：1011m、40度30分37秒N、140度52分48秒E）は十和田湖に並ぶ二重カルデラと周囲の溶岩ドームからなります。約55000年前から活動が始まり、1.3万年前の大規模な噴火で、現在の十和田カルデラのほとんどが形成されました。最新の活動は915年に起こったプリニー式噴火による降下軽石の噴出と大規模な火砕流の発生です。

秋田焼山（ランクB：1366m：39度57分50秒N、140度45分25秒E）は直径7km、比高約700m、傾斜がゆるい山体の成層火山です。山体頂部に直径600mの山頂火口があり、最高点はその南西縁にあります。1万年前に山頂部に溶岩ドームが形成され、有

3-1-2 岩木山

史以降、山頂から小規模な水蒸気爆発が何回も発生しています。

八幡平(ランクC：1613m、39度57分28秒N、140度51分15秒E)は東西20km、南北10kmに並ぶ成層火山群で、頂部は高原状で、噴火口に水が溜まった小さな湖沼(火口湖)が点在しています。硫気孔や温泉が多く、硫黄の採掘が行われていたこともあります。6000年前と7000～9000年前に噴出した降下火山灰層が確認されています。

栗駒山(ランクB：1627m、38度57分39秒N、140度47分18秒E)は南側だけに成層火山だった外輪山が残り、その東の端が最高峰の大日岳になる二重式火山です。数万年前に噴出した中央火口丘の剣山は平坦な溶岩ドームで、硫気活動が活発です。有史以降、数回の水蒸気爆発が起こっています。

【3-1-3】　八幡平

1944年11月20日、大日岳の北西斜面の海抜1280m付近で、小噴火が起こり、泥土を飛散させて凹地が出現、その後水をたたえて「昭和湖」と呼ばれています。20世紀後半から付近では群発地震がときどき起こっていました。2008年6月14日、「岩手・宮城内陸地震」(M7.2)が起こり、栗駒山のあちこちで崖崩れが発生し、泥流で旅館が崩壊、死者・行方不明20数名の犠牲者がでました。

　蔵王山(ざおうざん)(ランクB：1841m、38度08分37秒N、140度26分24秒E)は山体の上部をなす最高峰の熊野岳、刈田岳などが噴出したあと、山頂部に直径2km程度のカルデラが生じた成層火山群です。五色岳はカルデラの中に生じた火砕丘で、「御釜」の通称で親しまれている火口湖の五色沼(直径360m)があります。

【3-1-4】　那須岳

蔵王火山の火山活動は約70万年前から始まったと考えられています。五色沼の西端でお釜の噴火活動が始まったのは1000年前で、その後も小噴火を繰り返し、群発地震や鳴動、噴気の異常などが起こっています。

那須岳(ランクB:1915m、37度07分29秒N、139度57分46秒E)は南北13kmに連なる成層火山群の那須火山の一峰で、「茶臼山」の別名で知られています。那須火山の活動は約50万年前に北から始まりましたが、現在活動しているのは茶臼岳だけです。茶臼岳は1.6万年前からの活動で、崩壊により生じた凹地が東に向かって開かれていましたが、その中に出現した新しい火山です。火砕丘の中に溶岩ドームが形成されています。溶岩流や火砕流を噴出する噴火を繰り返してきました。

【3-1-5】 燧ケ岳

1408年2月24日に大規模な水蒸気爆発が発生し、その後も何回も繰り返されました。1410年3月5日、さらに大きな噴火が起き、大量の火山灰や噴石が堆積し、山頂の溶岩ドームが形成されました。高温の噴出物により斜面の積雪が融かされ、大規模な火山泥流が発生しました。この泥流により那珂川流域に洪水が発生し、家屋が流失し、死者は180名、多数の牛馬が犠牲になりました。その後も小規模な噴火や群発地震がときどき発生し、1960年には北西の噴気地帯に直径2〜3mの小さな火口が出現しました。

　日光白根山（ランクＣ：2578m、36度47分55秒N、139度22分23秒E）は日光火山群（男体山や女峰山など）の唯一の活火山で、噴火の中心です。直径1000m、高さ300mの溶岩ドームといくつかの厚い溶岩流の層の小さな火山です。有史以後の活動は小さな爆発にかぎられ、ときどき地震が群発しています。

　燧ヶ岳（ひうちがだけ）（ランクＣ：2356m、36度57分18秒N、139度17分07秒E）は福島・群馬・新潟の県境にある尾瀬ヶ原の北東、福島県の南西端に位置し、基底8×6km、比高700mのほぼ円錐形の火山で、山頂の北西側に長径800mの爆裂火口があります。南麓には尾瀬沼が広がっています。尾瀬沼は約8000年前に起こった岩屑なだれと溶岩流によって形成されました。近年火山活動はほとんど見られません。

　山麓一帯の尾瀬ヶ原や尾瀬沼は、かつて発電用ダムの建造計画がありました。強い反対運動で計画は中止され、現在は自然環境を守る事業が推進されています。

3-2 岩手山

　岩手山（ランクB：2038m、39度51分09秒N、141度00分04秒E）は「南部片富士」あるいは「岩手富士」とも呼ばれている成層火山です。西岩手火山、東岩手火山の2つの成層火山の結合で、東岩手火山が新しく、薬師岳が最高峰です。

　約7000年前に東岩手火山の山頂が崩壊して馬蹄形の火口が形成されました。現在でもこの火口からの噴火が続いていて、薬師岳も形成されました。

　西岩手火山でも7000年前以降、少なくとも4回の大きな水蒸気爆発が発生しています。

【3-2-1】　南側から見た冬の岩手山

噴火が確実に古文書に現れるのは、1686年(貞享3年)3月26日〜11月の山頂噴火からです。この噴火では山頂でのマグマ水蒸気爆発に始まり、周辺への降灰、火砕サージ、火山泥流が発生

【3-2-2】東岩手山の西側火口

しています。

1732年（享保16年）の噴火では北東山腹の標高1100m地点で噴火、側火口が生じ、溶岩が流れだしました。この溶岩は現在「焼走り溶岩流」と呼ばれています。

1919年7月、山頂の西3kmの大地獄で水蒸気爆発が起こり、灰が降りました。記録に残るただ1つの西岩手火山からの噴火です。

20世紀後半になって、地震が頻発したり、噴気活動が活発化したことがときどき起こりました。特に1998年2月ごろから、地震活動が活発になり、地殻変動観測のデータにも変化が現れ、噴火が心配されました。1998年9月3日、岩手山南西10kmの地点でM6.1の地震が起こりましたが、噴火は起こらず一連の活動は終息しました。

3-2-3　岩手山北斜面

3-3 秋田駒ケ岳

　秋田駒ケ岳(ランクB：1637m、39度45分40秒N、140度47分58秒E)は成層火山で、山頂北東側に北部カルデラ(1.2km×1km)と南西部に南部カルデラ(3km×2km)が形成されています。これらのカルデラは約1.1～1.3万年前の活動期に、山頂からプリニー式噴火や火砕流の噴出によって生じたと考えられています。

　その後の活動は2つのカルデラ内で起こり、7000～4000年前、4000～1000年前に大きな活動が起こり、南部カルデラ内の女岳を含め、現在の山体が形成されました。

　有史後の活動は多くはありませんが、807年(大同2年)に噴火らしき記述が古文書に初めて現れます。

　1888年～1905年ごろには活動期だったようで、特に1890年12月～1891年1月には鳴動があり、噴石をともなった噴火が起きています。

【3-3-1】 秋田駒ケ岳。1970年女岳からのストロンボリ式噴火

1932年7月21日〜30日には南部カルデラ内に新しく噴火口が生じ、噴石丘が出現しました。降灰も多く、泥流が発生し、樹林の多くが枯れ、有毒ガスも発生しています。

　1970年〜1971年には溶岩流出をともなった噴火が起こりました。1970年9月18日、女岳付近から噴火、以後ストロンボリ式噴火を繰り返すとともに、カルデラ内に溶岩が流出しました。

【3-3-2】 1990年に撮影した1970年の噴火と同じ火口。黒い部分が流出した溶岩

【3-3-3】 南側から見た秋田駒ヶ岳

3-4 鳥海山

　鳥海山(ランクB:2236m、39度05分57秒N、140度02分56秒E)は、秋田県と山形県の県境に位置し、「出羽富士」と呼ばれる成層火山です。山体底部の長さは東西26km、南北14km、なだらかな西鳥海山とやや急峻で新しい溶岩地形の東鳥海山に二分され、それぞれの山頂に山体崩壊でできた馬蹄形のカルデラがあります。

　約2万年前から東鳥海山の山体が形成された活動が始まりました。2600年前に東鳥海山の山頂付近で大規模な山体崩壊が発生し、北に開いたカルデラが形成されました。このときの崩壊した岩屑は、なだれとなって流れ下り、北麓から北西麓に広く分布しています。その昔、松尾芭蕉が『奥の細道』で、松島に匹敵するとたたえた景勝「象潟」を創出した象潟湖の小島群は、このときの岩

【3-4-1】　北側から見た鳥海山(提供:社団法人・にかほ市観光協会)

屑なだれの堆積物です。つまり象潟の景勝は鳥海山によって創造されたのです。

景勝・象潟は鳥海山南西麓を震源として、1804年7月10日に起こったM7.0の「象潟地震」で、顕著な地殻変動が起こり、地盤が約2m隆起したため、陸地化して消滅してしまいました。

1801〜1804年（享和元〜文化元年）、有史以来、最大の噴火が起こりました。8月下旬に噴火活動はもっとも激しく、東鳥海山山頂の荒神ヶ岳付近で爆発、噴石、灰を多量に噴出し、新山が形成されました。噴火を見ようと登山した地元の若者8名が、噴石の直撃を受け死亡しました。

1974年3月1日から噴火、4月24日には北方24kmまで灰が降った噴火が起こりました。5月8日の噴火を最後に、噴火活動は終息しました。

3-4-2　陸地になった象潟

3-5 吾妻山

　吾妻山(ランクB：1949m、37度44分07秒N、140度14分40秒E)は山形県と福島県の県境にある成層火山や単成火山からなる火山群で、東西25km、南北15kmの広さに分布し、西吾妻山、中吾妻山、東吾妻山に大別されます。東吾妻火山の南東側には大きな馬蹄形カルデラが形成されていました。

　約5000〜6000年前に東吾妻山の北側の成層火山・一切経山の南側カルデラ内に吾妻小富士や桶沼の火砕丘が形成され、吾妻小富士から東麓に溶岩が流出しています。

　有史以後の噴火は一切経山からの爆発です。少なくとも4回以上、堆積物が残る活動がありました。南東斜面に広く噴気地帯

【3-5-1】 東側から望む吾妻小富士(左)と一切経山

が分布し、現在も噴火が起こっています。

　1893年5月19日に噴火が起こり、噴石や降灰があり、6月4〜8日にも噴火が起こりました。6月7日、噴火活動調査中の2名が爆発に遭遇して死亡しました。火山調査中の初めての事故です。

　1977年12月7日にも小噴火があり、21世紀に入っても、ときどき火山活動が活発になっています。

【3-5-2】 一切経山の五色沼

3-6 安達太良山

　安達太良山（ランクB：1709m、37度37分57秒N、140度16分59秒E）は東西9km、南北14kmに広がる成層火山で、北から鬼面山、箕輪山、鉄山、安達太良山、和尚山などが並んでいます。

　約45～55万年前に鬼面山生成の活動が始まり、25万年前には箕輪山から和尚山にかけて、火山体主要部が形成されました。12万年前以降からは1～2万年間隔で、小規模なマグマの噴出が繰り返されました。1万年前からはマグマ水蒸気爆発や水蒸気爆発の繰り返しで、最後にマグマが噴出したのは約2400年前の活動です。

　安達太良山山頂には溶岩ドームが、またその西側には直径2km、深さ150mの沼の平火口があります。主峰の安達太良山の山頂の溶岩ドームは遠方からは特徴的で、「乳首山」と呼ばれています。

【3-6-1】　磐梯山から見た安達太良連峰

第3章 東北日本の火山

　1899年の初めから噴気活動が活発になっていましたが、8月24日、沼の平内の火口から火炎が噴出、25日も活動が続き、灰や硫黄泥が噴出、11月11〜12日にも同じような水蒸気爆発が起こりました。

　翌1900年7月17日には沼の平に長径300m、短径150mの火口を生じる爆発があり、近くにあった硫黄採掘所が全壊して死者72名、負傷者10名の惨事が起きました。

　小規模な活動はその後も続いていますが、1997年9月15日には沼の平南西部で、登山者4名が硫化水素ガスを吸って死亡するという事故がありました。

【3-6-2】 安達太良山の山頂付近。沼の平は左手側に位置する

【3-6-3】 安達太良山頂上付近（左手）の溶岩ドーム。沼の平は中央奥に位置する

3-7 磐梯山

　磐梯山(ランクB：1819m、37度36分03秒N、140度04分20秒E)は底径が7〜10km、比高1000mの成層火山で、赤埴山、櫛ヶ峰、大磐梯、小磐梯などが沼の平火口を取り囲み、円錐形火山体が形成されています。「会津富士」とも別称される磐梯山の形成は、休止期をはさんで新旧2つの活動期に分けられます。

　古期の活動では赤埴山や櫛ヶ峰が形成され、新期の活動では大磐梯や小磐梯が形成されました。2.5万年前以降はマグマの噴出は記録されておらず、水蒸気爆発だけが起きています。

　1888年7月に入って、磐梯山周辺で弱い地震が起こりだしていました。15日の午前7時ごろから鳴動が始まり、強い地震が続発するようになりました。そして7時45分ごろ、大音響とともに

3-7-1　南側から見た磐梯山

噴火が起こり、短い時間に十数回の爆発が続いて山体が崩壊しました。爆発音は50〜100km離れた場所でも聞こえ、降灰は70kmも離れている太平洋岸にまで達しました。

小磐梯では山体の北半分が崩壊、山頂は165mほど低くなり、火口は北方に向いて東西2.2km、南北2kmの大きさの馬蹄形に開いた崩壊カルデラが生じ、山の形が変わってしまいました。崩壊した山体は大規模な岩屑なだれとなって北方山麓へと流れ下り、5村11集落を埋めつくし、犠牲者は460名以上、家屋、山林、耕地もほぼ全滅する大惨事となりました。

岩屑なだれは河川をせき止め、上流側の水位は上昇し、湖沼となり、数年後には現在の桧原湖、小松川湖、秋元湖、五色沼などが誕生しました。現在この地域は「裏磐梯」と呼ばれ、一大観光地となっていますが、その景勝地の下には尊い犠牲がいまも眠っているのです。

【3-7-2】 裏磐梯（北側からの磐梯山）の景観。中央の凹地が崩壊カルデラ

COLUMN 2

学者のたわごと ❶
― マグマ水蒸気爆発 ―

　2000年の有珠山の噴火のときのことです。噴火が始まった3月31日には、近辺住人は避難を完了していました。メデイアは連日連夜、有珠山の活動を報道していました。そんな状況のなかで、4月1日にあるテレビ局に出演したある火山学者は、次のようなコメントを発していました。

「マグマが洞爺湖の湖底に顔をだすと、湖水の水が沸騰してマグマ水蒸気爆発を起こしますから大惨事になります。住民のみなさんは、しばらくは注意が必要です」

　私はこのコメントを聞いてその火山学者に怒りを覚えました。

　有珠山の噴火で有史以来、洞爺湖の湖底から噴火した記録はありません。世界的にみても湖底からの噴火はほとんどありません。その火山学者のコメントがだされた時点では、すでに有珠山西麓から噴火が始まっていました。地下のマグマは新しい噴火口という出口を見つけて噴出していたのですから、別に出口を見つける必要もなく、洞爺湖の湖底に顔をだす必要も、可能性もなかったのです。したがって湖底からのマグマ水蒸気爆発発生の可能性も皆無だったのです。

　それなのにただでさえ噴火で動揺している住民に対し、さらなる不安、それも可能性のほとんどないのに不安を与えるような発言を平気でする人の真意が読めず、怒りを覚えたのです。

　彼の発言はまさに自己顕示欲の発露です。「自分はこれだけ知っている」とアピールしているつもりなのでしょう。

　学者と称する人種のなかにはこのような人もいるので、報道する側も、受ける側も注意が必要です。　　　　　　　　　　（神沼）

第4章

中央日本の火山

日本の中心部には、赤城山や榛名山、焼岳、妙高山、乗鞍岳、草津白根山などの活火山が存在しますが、なかでも格段の認知度を誇るのが浅間山でしょう。浅間山は天明の大噴火で周辺に大変な被害をおよぼし、日本で最初に火山観測所が設置された火山となりました。この浅間山での火山観測についてもくわしく見ていきます。

4-1 中央日本の火山分布

　東北日本から南下してきた東日本火山帯フロントは、関東平野の北端付近で枝分かれして、一部が西に伸びています。地下では東からの太平洋プレートと南からのフィリピン海プレートが重なり合っています。

赤城山(あかぎやま)(ランクＣ：1828m、36度33分37秒N、139度11分36秒E)

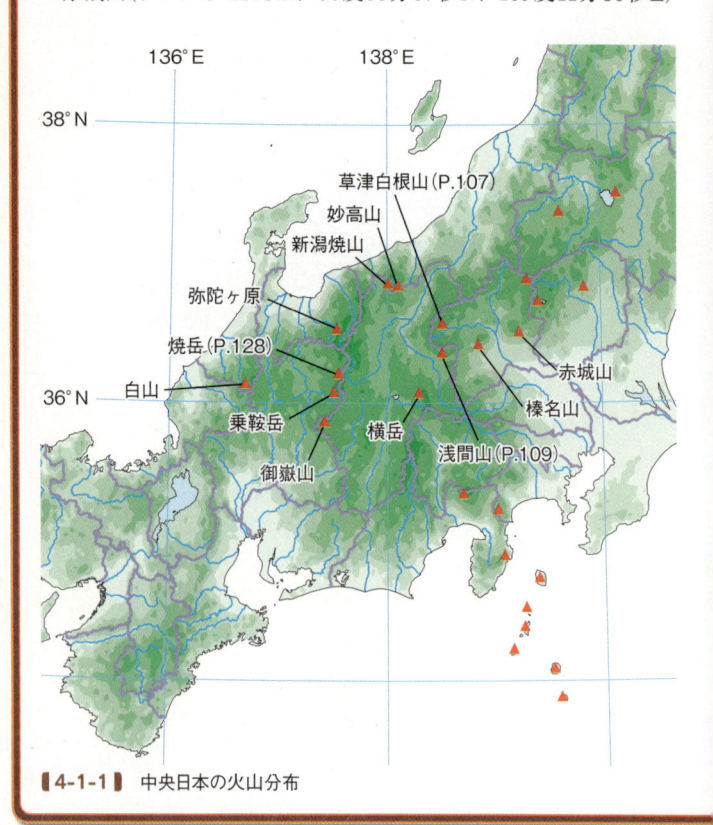

【4-1-1】　中央日本の火山分布

は基底の直径25kmの成層火山で、山頂付近に南北4km、東西3kmのカルデラがあり、底地には大沼があります。歴史時代の噴火活動はほとんどありません。

榛名山(はるなさん)(ランクB:1449m、36度28分38秒N、138度51分03秒E)は基底の直径20kmの大型の成層火山で、頂上部には径2〜3kmのカルデラがあります。カルデラ中央の溶岩ドームは「榛名富士(はるなふじ)」と呼ばれ、その西側には榛名湖があり、観光名所です。6世紀の活動以後、顕著な活動はありません。

横岳(よこだけ)(ランクC:2480m、36度05分14秒N、138度19分13秒E)は八ヶ岳火山群唯一の活火山です。火山列の北端に位置し、東西4km、南北2kmの溶岩流と溶岩ドームからなる小規模な火山体です。最新の活動は800年前にあったと推定されますが、有史以来、ほとんど活動していません。

4-1-2 榛名富士と榛名湖

新潟焼山（ランクＢ：2400m、36度55分15秒Ｎ、138度02分09秒Ｅ）は新潟県北西部に位置し、標高2000mの基盤から噴出した比高400mの小型成層火山です。1773年には北方へ火砕流が発生していますが、その後は割れ目噴火の水蒸気爆発が発生しています。1974年の水蒸気爆発では噴石のため登山者3名が死亡しています。豪雪地帯のため、積雪期の噴火では泥流が発生します。

　妙高山（ランクＣ：2454m、36度53分29秒Ｎ、138度06分49秒Ｅ）は「北信五岳（妙高山、黒姫山、斑尾山、飯綱山と火山でない戸隠山）」のなかで唯一の活火山ですが、有史以後の活動は記録されていません。

　弥陀ヶ原（ランクＣ：国見岳の標高と位置：2621m、36度34分16秒Ｎ、137度35分23秒Ｅ）は急峻な立山連峰の西側に噴出した成層火山ですが、頂上域は陥没や侵食で消滅しています。弥陀ヶ原、五色が原の景観は火砕流堆積物の台地によって創出されています。有史以後、1839年に水蒸気爆発の記録があります。

4-1-3　妙高山（右）と古い火山の黒姫山。中央の雪山は新潟焼山

乗鞍岳（ランクC：剣が峰の標高と位置：3026m、36度06分23秒N、137度33分13秒E）は北アルプスの南端に位置し、最高峰・剣が峰の北側には摩利支天岳、富士見岳、恵比寿岳などの溶岩ドームが並び、火口湖も点在します。有史以後の噴火は記録されていません。

　御嶽山（ランクB：剣が峰の標高と位置：3067m、35度53分34秒N、137度28分49秒E）は山頂のカルデラを囲むように、剣が峰のほか、継母岳、摩利支天山、さらに北に継子岳などの溶岩ドームが並んでいます。火山活動は2万年前には終了したと考えられていましたが、1979年10月28日に剣が峰の南西山腹の割れ目から水蒸気爆発が発生し、山麓では農作物に被害がでました。

【4-1-4】　乗鞍岳

「死火山」と考えられていた御嶽山の突然の噴火で、地元自治体は大変驚きました。もっと驚いたのは地震学者たちでした。日本では気象庁が中心になり、また国際的には国際火山協会が中心になり、「活火山」の定義が見直されました。

1984年、山頂のやや南側を震源として「昭和59年（1984年）長野県西部地震（M6.8）」が発生して大規模な山崩れが起こり、死者29名、家屋の全半壊87棟などの被害がでました。地震はその後もときどき群発的に起こっています。

白山（ランクC：御前峰の標高と位置：2702m、36度09分18秒N、136度46分17秒E）金沢市の南50kmの石川・岐阜県境に位置し、10万年前ごろからの活動で、現在の山体が形成されました。1042年（長久3年）、1554〜1556年（天文23年〜弘治2年）などの噴火で、現在の山頂部の火山群が形成されました。

【4-1-5】 御嶽山

4-2 草津白根山

　草津白根山(くさつしらねさん)(ランクB：本白根山の標高と位置：2171m、36度37分22分N、138度31分55秒E)は新第三紀(2350万年〜258万年前)の古い火山体の上に成層火山が噴出して、その頂上部に白根山、本白根山の火砕丘が南北に並んでいます。白根山火砕丘の頂上部には、北東から南西に水釜、湯釜、涸釜(かれがま)の3火口湖があります。有史後の噴火は、ほぼ山頂付近の火口周辺で起きる水蒸気爆発です。

　1882年8月6日、1カ月前から鳴動が聞こえ、湯釜、涸釜付近から噴火、泥土を噴出し、樹木が枯死しました。

　1897年7月8日、湯釜火口の北東200mの地点で噴火、泥土や岩塊を噴出しました。火口付近にあった硫黄採掘所が全壊しました。

| 4-2-1 | 草津白根山の湯釜。左側は雪におおわれた涸釜

1902年7月の噴火は、現在草津―志賀道路のレストハウスがある弓池付近で発生し、付近にあった浴場や事務所が破壊されました。

　1932年10月1日、水蒸気爆発が発生し、火山泥流によって、硫黄鉱山の作業員2名が亡くなりました。

　1976年3月2日、小規模な水蒸気爆発があり、8月3日に本白根山白根沢で火山ガスにより、登山者3名が死亡しました。

　1983年11月13日には湯釜で水蒸気爆発が2回起き、噴石は火口から700mの範囲に落下し、降灰は南東40kmの渋川市にまで達しました。

　白根山の噴火はほとんどが小規模な水蒸気爆発の繰り返しですが、火山ガスによる死者がでていますので、山に入るときには注意が必要です。

【4-2-2】　本白根山

【4-2-3】　白根山・涸釜火口

4-3 浅間山（1） ― 山の姿 ―

　浅間山（ランクA：2568m：36度24分23秒N、138度31分23秒E）は約10万年前から噴火を繰り返し、複雑な形成史をもつ火山です。

　10万年前以降、大型の成層火山である黒斑火山（くろふかざん）が成長を始めました。いく度となく爆発的な噴火を繰り返したのち、約2万3000年～4000年前ごろ、プリニー式の噴火によって黒斑火山の山体が大崩壊を起こしました。この崩壊によって西側半分を残し大部分が失われ、現在の湯の平西方に崩壊によって形成された馬蹄形カルデラ壁の一部に黒斑山（くろふやま）や、南西側に牙山（きばやま）、剣ヶ峰と呼ばれる黒斑火山のなごりの外輪山が見られます。仏岩火山（ほとけいわかざん）は約2万年前に活動し、溶岩流から形成されており、さらに東側に溶岩円頂丘の小浅間山が出現しました。

　黒斑山の東側には釜山火口を囲むように前掛山（2,524m）が

| 4-3-1 | 1973年3月10日のブルカノ式噴火 |

【4-3-2】 南側から見た浅間山

画像内ラベル: 黒斑山↓　剣ヶ峰↓　前掛山↓　釜山↓　小浅間山↓　↑石尊山　↑仏岩　↑観測所

【4-3-3】 南西上空から見た浅間山

画像内ラベル: 黒斑山↓　前掛山↓　釜山↓　カルデラ　牙山←　↑剣ヶ峰

あります。前掛火山の形成は8500年前ごろに始まりました。1108年(天仁元年)の大噴火は、前掛火山の噴火史上最大規模の噴火でした。

現在、噴火活動の中心となる山頂釜山火口(2,568m)は、直径約500m、深さ約200mあります。20世紀に入ってからも火口の深さはその活動により変化します。1910年ごろには、火口の縁を超えるレベルまで溶岩で満たされた時期もありました。

4-3-4 剣ヶ峰と牙山。背後は前掛山

4-3-5 浅間山東斜面と小浅間

4-4 浅間山(2)
― 日本最初の火山観測所 ―

　浅間山の火山活動は明治時代後半からかなり活発となり、災害を防ぐため調査・研究は切実な問題で、長野県と群馬県は1891年の濃尾地震を契機に設立された震災予防調査会に調査を依頼しました。

　有珠山の観測で噴火と地震の関係を知った震災予防調査会幹事の大森房吉は、1911年(明治44年)、浅間山火口西2.3km、標高1947mの場所に火山観測所を設け、震災予防調査会と長野測候所が共同で観測を始めました。これが日本初の火山観測所となりました(2-3参照)。この観測所はその後、軽井沢測候所へと発展しました。

　浅間山の噴火による災害を軽減させようとする地元の強い要望により建物がつくられ、1933年(昭和8年)東京帝国大学に寄付

【4-4-1】 1910年に大森房吉によって撮影された火口。このとき溶岩が火口縁を超えたと報告されている

されました。以来、地震研究所の附属施設として浅間火山観測所となり、浅間火山の研究の場として歩み始めました。その後、地震観測をはじめ、先駆的な地球物理学的観測を行い、数々の業績を残し現在に至っています。

1909年1月29日の爆発では、関東北部まで灰が降るとともに、その爆発音は80km離れたところまで届きました。1911年にはたびたび大きな爆発を起こし、その音はしばしば100km以遠にまで届くこともありました。5月8日、5月15日には死者、負傷者まででています。

1913年4月〜11月にも活発な噴火が繰り返され、5月29日には登山者1名が死亡しています。

その後もしばしば起こる噴火のため、周辺の山林が焼失したり、空振のため山麓で戸障子が破損するなどの被害が続きました。

1930年8月20日には火口近傍で6名の登山者が亡くなっています。

1938年3月〜12月の間、毎月数回から数十回の噴火が繰り返

4-4-2 1911年に建てられた浅間火山観測所

され、多量の降灰や登山者の遭難が起こっています。

1950年夏期、高倍率地震計による多点観測が開始されました。同年9月23日に大爆発、3000トンの岩が北側火口縁に落下しました（1-6-3参照）。

1952年〜1954年にかけて、浅間火山観測所では地震の遠隔記録方式と刻時方式の改良の努力が続けられ、地殻変動をとらえるため水準測量が実施されるようになりました。

1953年3月に、浅間山北麓に米軍が演習地をつくるという問題が起きました。研究者、米軍立会いで実験を行い、火山観測に影響大とわかり、米軍演習地要求は取り下げられました。

1954年遠隔記録方式が実用化され、東側山腹の三の鳥居観測室で多点集中観測が開始されました。

1956年12月、観測所に交流電源が引かれ、これによりモニター記録は電磁式ペン書き方式（すす書き）に交換され観測精度が

4-4-3 昭和8年（1933年）に開設した東京帝国大学地震研究所附属浅間火山観測所

上がりました。

1965年浅間火山観測所に突発現象記録装置（エンドレステープ方式）が整備され、観測の近代化が始まりました。

近年、浅間火山観測所では、これまでの地道な努力の結果、観測装置の高精度化、観測項目の多様化が行われ、火口壁には監視カメラも取りつけられました。このカメラにより、観測所にいながらにして火口内の様子が見られるようになりました。

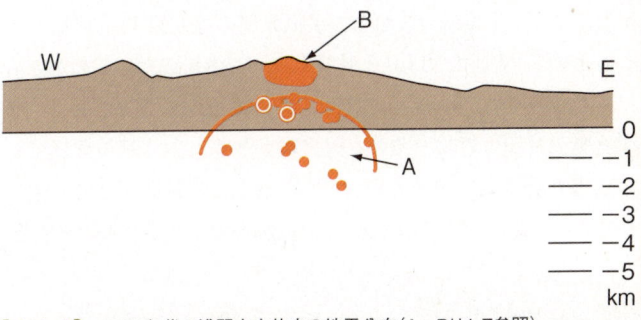

【4-4-4】 1960年代の浅間山山体内の地震分布（A、Bは1-7参照）

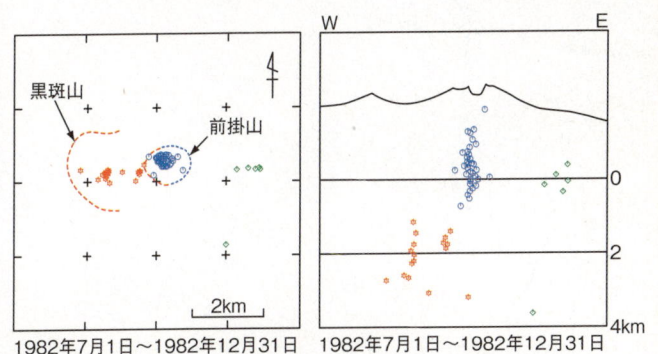

【4-4-5】 1980年ごろの震源分布図。平面分布（左）と東西断面に投影した垂直分布。赤はA型地震、青はB型地震

4-5　浅間山(3) ― 天明の大噴火 ―

　浅間山はときとして大規模な噴火を起こします。2011年から228年前、1783年(天明3年)浅間山は大噴火を起こしました、この活動は俗に「天明の大噴火」と呼ばれています。大規模な熱雲が発生し、山麓一帯に大変な被害をおよぼしました。このときの噴火活動は5月9日から始まり、8月初旬に火砕流や溶岩流が噴出してようやく終息しました。頂上火口の北北東4km地点を中心に広がる「鬼押し出し」と呼ばれている溶岩流は、このとき流出したものです。8月4日、噴火活動は最盛期に達しました。まず吾妻火砕流と呼ばれている火砕流が発生し、北側の火口壁から山麓へと流れ下りました。続いて翌5日の10時ごろに大爆発が起こって鎌原火砕流が発生し、溶岩の流出がこれに続きました。

4-5-2 吾妻川流域の被害を示す古絵図

鎌原火砕流は鎌原熱雲とも呼ばれ、北東7kmの鎌原村を襲いました。その襲来をまともに受けた群馬県吾妻郡鎌原村では、総人口597名のうち死者466名をだしました。

4-5-1 天明の大噴火を伝える古絵図

村全体が大熱泥流の土石の下に埋没してしまい、助かったのは小高い丘の上にあった観音堂に逃げた人たちだけでした。現在、この観音堂は階段が15段ほどですが、1979年地中の村と化した鎌原村の発掘調査で、噴火当時は少なくとも50段あったことが確認されると同時に、避難中犠牲となった2名の遺体を収容しました。また、埋没した家屋からは、多くの建築用材や生活用品を発見しました。罹災状態が明らかとなり、埋没した村の生活とその文化の一端を垣間見ることができました。

　この鎌原火砕流は吾妻川に流れ込み、これを一時的にせき止めたのちに決壊し、大洪水を起こしました。この洪水のため吾妻川沿岸の諸村落は大被害を受け、流出家屋は1000戸を超えました。

【4-5-3】　天明の噴火で流れでた溶岩流（北上空からの浅間山）

吾妻川や下流の利根川に沿って流死人の供養碑や記念碑が数多く建てられています、多くの遺体が打ち上げられた東京都の江戸川河口近く、遠くは千葉県銚子にも供養碑が建てられていることで被害の大きさがわかります。天明の大噴火による被害の様子は古文書、災害絵図などに残され、現在に語り継がれています。

【4-5-4】鎌原観音堂と石段、発掘調査によって掘り出された橋下の階段部分

4-6 浅間山(4) ― 20世紀の活動 ―

20世紀に入り、活発化した浅間山の火山活動は1973年ごろまで続き、その後は沈静化して21世紀を迎えました。

20世紀の前半、浅間山では噴火により数十名の死者がでています。これらの人身災害は、すべて山体上部の噴火に対して設けられている危険区域内において発生しています。通常の住民居住域では、人身被害は発生していません。したがって、同じ程度の噴火活動が続くとすれば、人身被害を防ぐには危険区域に立ち入らなければよいのです。

火山の活動状況をよりくわしくまたわかりやすく伝えるため、1965年より気象庁は火山情報の発表を開始しました。1993年にはその見直しが行われ、噴火の危険性があるときは火山情報をだ

【 4-6-1 】 浅間火山観測所内で見られる火口監視カメラ映像

して入山（危険区域内への立ち入り）を禁止するようになりました。さらに2003年からは、火山活動状況を表すレベル化が行われ、よりくわしく活動度を伝えるようになりました。

近代科学のメスで浅間火山の観測が始まってからおよそ1世紀、もっとも進歩したことは地震計や傾斜計、GPSによる連続観測で、山体の変動が時々刻々と記録されるようになったことです。特に山頂にカメラが設置され、火口内の様子が常時モニターされ、浅間火山観測所内で監視できるようになっています。

2004年の噴火では、噴火前の地殻変動や火口モニターにより爆発する瞬間が記録され、爆発をともなって発生する地震と地殻変動などの関係が解明されるようになりました、絶対重力計の観測では、火道内を上昇するマグマの動きが手に取るように把握することができ、これまで以上に詳細な解析が可能になったのです。

絶対重力計FG5

測定精度：1マイクロガル
　　　　＝1Gの10億分の1
　　　　　1/1000000000

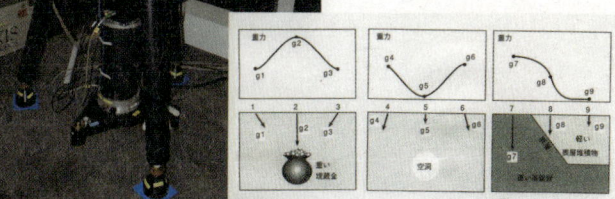

4-6-2　絶対重力計。マグマが上昇すると重力値は増加し、噴火後空洞になると重力値は減少する

グラフ縦軸: 重力変化量（マイクロガル）
グラフ横軸: 2004年 9/6 ～ 9/30

グラフ中の注記: ①, ②, ③, ④, ①', ②', ③', ④', ①", ②", ③", ④"
連続噴火、中規模噴火2、中規模噴火3

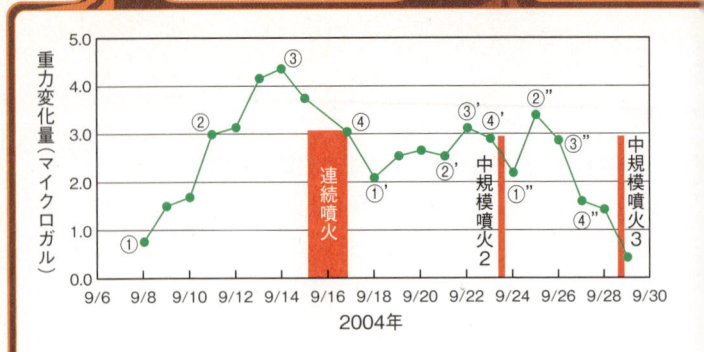

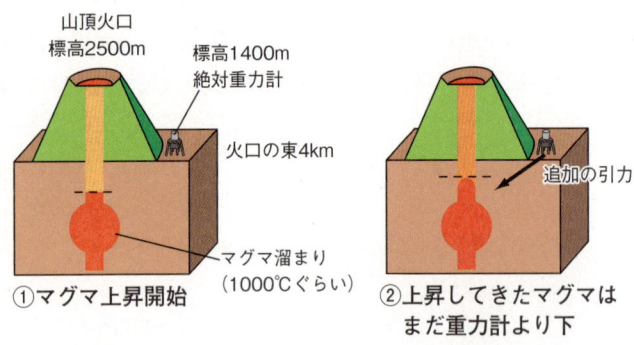

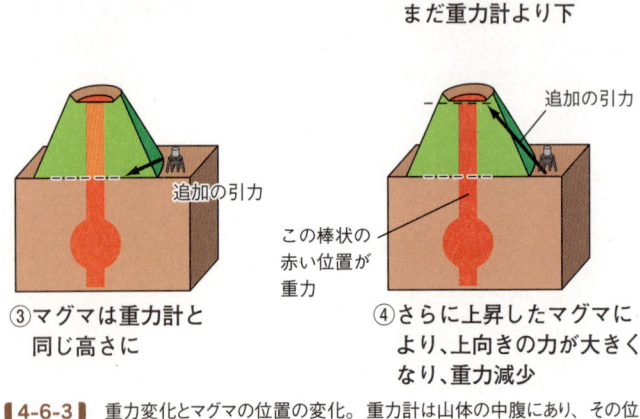

①マグマ上昇開始
山頂火口 標高2500m
標高1400m 絶対重力計
火口の東4km
マグマ溜まり（1000℃ぐらい）

②上昇してきたマグマはまだ重力計より下
追加の引力

③マグマは重力計と同じ高さに
追加の引力

④さらに上昇したマグマにより、上向きの力が大きくなり、重力減少
追加の引力
この棒状の赤い位置が重力

4-6-3 重力変化とマグマの位置の変化。重力計は山体の中腹にあり、その位置とマグマレベルに着目し、上のグラフを参照されたい（原図：東京大学地震研究所）

4-7 浅間山(5) ―火山物理学の発展―

　火山観測が始まって約100年、観測機器精度の向上、新たな観測への挑戦など、火山科学の発展には目をみはるものがあります。

　浅間山では、2004年9月1日午後8時に中規模噴火が発生し、9月14日から18日にかけては連続したストロンボリ式噴火と4回の中規模噴火、いくつかの小規模噴火を繰り返しました。この噴火活動にともなう地殻変動および震源分布の解析により、浅間山西麓海面下約1kmまでマグマの貫入が認められ、火口に続く火道直下まで上昇してくる様子がとらえられました。2005年夏ごろから浅間山西麓へのマグマの供給を示す地殻変動が観測され、2009年2月の小噴火へとつながりました。

　現在、浅間山では次のような観測が行われています。

4-7-1　水準測量の様子

地震観測の開始後まもなく発生する地震のA型、B型の分類がなされ、火山学の共通用語となっています（1-7参照）。

近年は地震波の周期に着目BL（低周波）・BH（高周波）と、さらに分類されるようになりました。火山体の下で起きるさまざまな現象を反映して多様な火山性地震が観測され、さらに震源精度も向上しています（1-7-5参照）。

リアルタイムの地震活動の変化は、観測点から正常に情報（地震データ）が送られてきて初めてわかるのですが、過去には噴火により火山弾の直撃を受け、信号がこなくなったこともあります。2010年には、噴火活動中で危険なため近づけない場所に無人ヘリコプターで地震計の設置、回収の実験が行われて成功しました。このようにいかなる場合でも火山情報が途切れることのないよう観測体制の準備も進んでいます。

火山活動にともなって、山体周辺地域で地盤の隆起あるいは沈降などの地殻変動が生じます。火山体や周辺地域での高さや2点

【 4-7-2 】 GPSによりとらえられた浅間山の地殻変動。黒の矢印は観測値。青は計算値。矢印の方向と長さに応じて変化している

間の距離の変化を検出する水準測量や辺長観測は「地殻変動の観測」と総称され、火山活動を監視するために重要な観測項目です。浅間山では1934年に水準測量が、1977年からは光波測距儀による辺長観測が開始されました。近年はGPS測量により山全体の変動をとらえるようになりました。

重力測定も続けられていましたが、絶対重力計の導入により、さらに精度が向上しました。

2004年の噴火活動では、絶対重力計を用いて火山の重力を観測することで、地上からは見ることのできない地中のマグマの動きがわかるようになりました（4-6-2、4-6-3参照）。絶対重力計から求められるマグマの変動から、噴火の直前予知ばかりでなく、長期変動を予測して、次の噴火の時期を求める研究もなされています。

マグマの上昇によって岩盤が熱せられると磁性が弱くなります。

4-7-3 2009年2月、噴火活動終了後の火口

したがって地磁気の連続観測によってマグマが上昇してきたことがわかります。山体全域で電気抵抗を測ると、岩盤の隙間に熱水が入ることにより電気抵抗が小さくなり、マグマが存在する領域が推定できるようになります。ふだんは研究者みずから山中を歩きながら測定を行いますが、近年噴火活動が活発となると危険なため、無人ヘリコプターで観測を行う試みがなされています。

これまで火口内の温度変化をとらえるには、ヘリコプターで赤外線温度計などを使い火口の温度を測定していました。現在では火口の縁に赤外線カメラを設置し、その映像は常時観測所にて見ることができるようになりました。

浅間山をはじめ三宅島、桜島など多くの火山から常に火山ガスが放出されています。これらのガスは空気より重いため、窪地や谷地形で事故が起きています。人的な被害をともなう火山ガスの放出ですが、火山活動の活発化にともない二酸化硫黄(SO_2)の放出量が増えるため、定期的に放出量の測定が行われています。

浅間山では1日あたり300〜500トンですが、三宅島では最盛

4-7-4 浅間山でのガス測定

時1日あたり5,000〜20,000トンの二酸化硫黄が放出され、日常生活にも支障をきたしたことがあります。

2010年からは、浅間山でも火口内にガスセンサーを設置、リアルタイムでガスの分析結果を知ることができるようになりました。

2006年にはミュオンラジオグラフィー（**1-8**参照）を用いて、初めて浅間山の火口底付近内部の構造が視覚化されました。2008年10月から浅間山東麓にリアルタイムの宇宙線ミュオン観測点を設置して観測を開始した結果、2009年2月の小噴火前後に火口底浅部の密度変化、つまりマグマの存在をとらえることに成功しました。

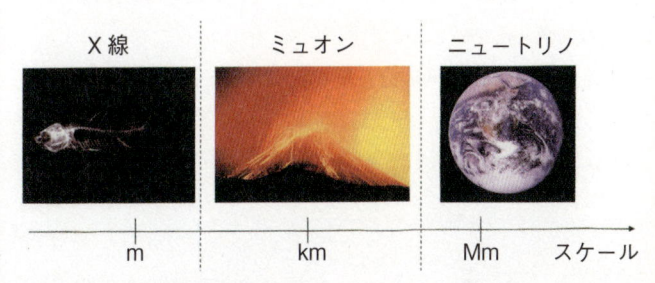

4-7-5 ミュオンの波長はキロメートル。X線とニュートリノの中間

浅間山2009年2月2日噴火前後

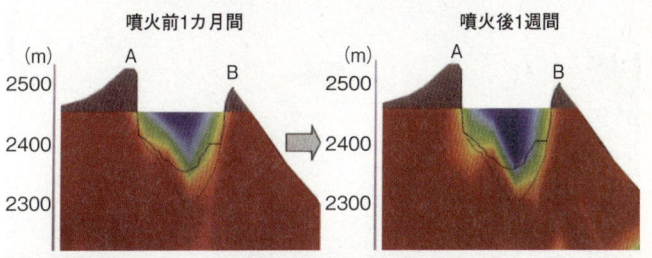

4-7-6 浅間山ミュオン透過像。噴火後は火口付近の赤い部分の面積が減じている。これは溜まっていたマグマが噴き飛ばされたことを示す

4-8 焼岳と上高地

　焼岳(ランクB：2455m：36度13分37秒N、135度35分13秒E)は北アルプスの南に割谷山、白谷山、アカンダナ山(ランクC：2109m、36度12分01秒N、137度34分22秒E)とともに並ぶ火山群のうち、現在活動しているただ1つの火山です。

　焼岳の北東側には日本でも1、2の山岳美を競う上高地があり、毎年多くの観光客、登山客が訪れています。上高地の成因については、ほとんどのガイドブックにその概説が記載されているようですが、それに関心を示す人は少なく、現在のありのままの上高地の自然を楽しんでいるようです。

　上高地を流れる梓川は槍ヶ岳を源流として、松本平では犀川、さらに信濃川と名前を変えて日本海に注いでいます。しかし、かつては富山県側の神通川へと流れ、日本海に達していました。南

【4-8-1】 火山のつくりだした山岳美。穂高岳と大正池

側の十石山（2535m）から北の安房峠さらに焼岳の方向を見ますと、その西側に広がる旧梓川の痕跡を追うことができます。旧梓川は蒲田川と合流し、高原川となって西から北西へと流れ、神通川となって日本海へと流れていたのです。

　焼岳の形成は約1.5万年前から始まりました。そのころはまだ槍ヶ岳や穂高岳の頂上付近には氷河が残っていたかもしれません。この焼岳、さらにはアカンダナ山の出現によって梓川はせき止められ、大きな湖が出現しました。V字谷には、現在の横尾谷付近まで長さ12km、幅2kmの堰止湖が出現しました。この湖水を私は勝手に「古梓湖」と呼んでいますが、「古上高地湖」と呼ぶ人もいます（『穂高岳・上高地』。集英社、2010年）。古梓湖へは上流から土砂が流れ込み、どんどん浅くなっていきました。

　その後、古梓湖は南東へとあふれだし、松本平へと流れる現在

【4-8-2】 大正池と焼岳

の梓川の流れができました。湖の水がなくなるとV字谷の底は300mも埋まり、現在の平坦な土地が出現し、その中を梓川が流れているのです。徳沢付近には現在はキャンプサイトになっている平坦な草地が見られますが、牧場として牛の放牧が行われていたこともあったのです。

　最近の掘削調査では、梓川が神通川に流れ込んでいた時代の川床が確認され、地下に埋まっていた植物化石の年代は12000年前でした。つまりそのころから古梓湖が形成されていったのです。

　焼岳は有史以降、小さな噴火を繰り返していました。

　1915年（大正4年）2月、降灰をともなう噴火が起こりました。その後地震が群発し、6月6日、山頂溶岩ドームの東側の標高1900mの台地から山頂東側に達する長さ1kmの大亀裂が生じ、その底部から噴火が起こりました。その亀裂の底には数十個の

【4-8-3】　焼岳の山頂付近

火口が生成されました。噴火の爆風により山麓の樹木はなぎ倒され、流れでた泥流が梓川をせき止め、立ち木が何本も立っている池が出現し、「大正池」と命名されました。この大正池の出現により、穂高岳の山岳美はよりいっそう増したといえるでしょう。

　1962年6月17日、西側の山腹に長さ500mの割れ目噴火が起こり、新しい火口が生成されました。火口付近の山小屋で4名が負傷しました。泥流が発生し、大正池はかなり埋まりました。焼岳から大正池へはその後も土砂の流入が続いています。

　焼岳付近では、その後もときたま群発地震が発生しています。

【4-8-4】　上高地・河童橋から見た焼岳と梓川

COLUMN 3
火山を注視する ❷

　私は小学校、中学校と、浅間山の噴火活動を見ながら登下校をしていました。1970年、浅間火山観測所の一員となってから現在まで、浅間山といっしょに暮らしています。

　観測所の所長だった下鶴大輔先生（東京大学名誉教授）のもとで働いていたとき、先生はいつも口癖のように、「山（火山）はいつもわれわれに変化を知らせてくれているのさ。その変化をとらえるには人間の五感を研ぎ澄ませ、すなおな気持ちで山と向き合うことが大切だよ」とおっしゃっていました。著者もその言葉を心に刻み、浅間山とともに暮らしています。

　1973年2月1日に始まった噴火活動は、2回の噴火のあと、あるパターンがあることに気づき、3回目以降の噴火ではその爆発の1時間くらい前に予測することができました。噴火前にそれまででていた噴煙がパタッと止まり、しばらくすると火山性地震が発生、1時間以内に噴火となったのです。

　静穏時でも、ときどき火山性群発地震が観測されていました。大型低気圧の通過、大量の雨、そして火山性地震が発生します。地震発生後しばらくして噴煙活動が活発となり、たくさんの噴煙がでると地震はなくなり、もとの静かな状態に戻ります。

　2004年の噴火も、2日ほど前から予測ができました。台風が通過し、大量の雨を降らせたあと、火山性地震の発生などがあり、その後噴火が起こりました。どの噴火も同じパターンでした。

　観測データの解析はとても重要ですが、観測データの変化に気を配りながらも山と向き合い、ふだんとは違う山の状況や気象の変化に心を配ることを忘れてはならないと思います。　（小山）

第5章

伊豆の火山

日本でもっとも高く、美しい活火山といえば、誰もが知っている富士山です。この富士山から箱根、伊豆半島、伊豆七島を見てみると、実に多くの火山が存在することがわかります。その理由からまだ記憶に新しい伊豆大島、三宅島の噴火について貴重な記録とともに見ていくことにします。

5-1 火山列島

　プレートテクトニクス論では、伊豆半島はフィリピン海プレートに乗って南から北上してきた島が、本州に衝突して丹沢山塊をつくるとともに、半島になったと考えられています。そして本州の下に潜り込んだフィリピン海プレートによって、富士山や箱根山が形成されました。現在では潜り込んだフィリピン海プレートの西側の部分がすべると東海地震が、東側の部分によって関東地震が、有史以来何回も発生しています。

　東北地方から南に延びてきた東日本火山帯フロントは、伊豆半島付近で本州から離れ、南へと延びています。その火山フロントの東側に沿って太平洋プレートの沈み込み帯である伊豆－小笠原海溝が位置しています。

　伊豆半島から南の火山帯フロントは、海底火山の頂上部が海上に突きでた火山島が並び、北緯28度以南では西之島と硫黄島以外が海底火山です。

　この火山列島の北に位置する7つの島は「伊豆七島」と呼ばれ、1000年以上も前から「島流し」の罪人を送る「流刑の地」でした。このうち伊豆大島と三宅島は20世紀以降もしばしば火山活動を繰り返していますので、観測網も充実し、火山

伊豆東部火山群

第5章 伊豆の火山

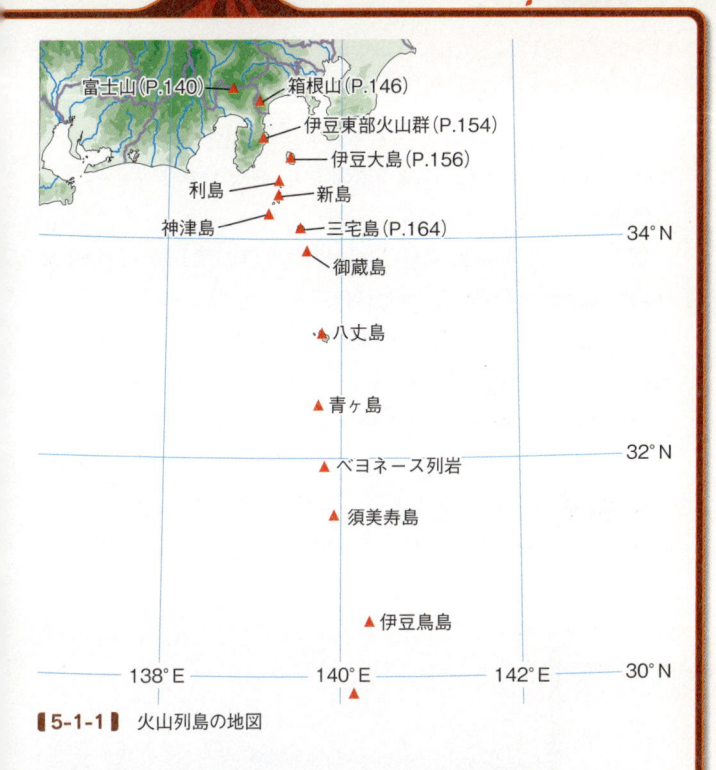

- 富士山(P.140)
- 箱根山(P.146)
- 伊豆東部火山群(P.154)
- 伊豆大島(P.156)
- 利島
- 新島
- 神津島
- 三宅島(P.164)
- 御蔵島
- 八丈島
- 青ヶ島
- ベヨネース列岩
- 須美寿島
- 伊豆鳥島

34°N / 32°N / 30°N
138°E / 140°E / 142°E

【5-1-1】 火山列島の地図

箱根　　富士山

【5-1-2】 湘南海岸からの富士山と箱根山、伊豆東部火山群の左（東側）には利島、伊豆大島が位置する

135

研究の最前線にある火山の1つです。

　利島（ランクC:508m:34度31分13秒N、139度16分45秒E）は伊豆大島の南南西25kmに位置し、直径2.5km、海面下を含めると直径5km、比高600mの成層火山です。4000～8000年前に溶岩の噴出があったと考えられています。

　新島（ランクB:432m:34度23分48秒N、139度16分12秒E）は利島の南9kmに位置し、南北11.5km、東西3km、北と南に溶岩ドームがあり、人の住む中央の低地は火砕岩台地です。最後の噴火は886年で噴火の間隔は長いのですが、ひとたび噴火すると大噴火となり、火砕流や火砕サージが発生しやすいと考えられています。

　神津島（ランクB:主峰天上山の標高と位置:572m:34度13分10秒N、139度09分11秒E）は新島の南端から南西14kmに位置した南北6km、東西4kmの島で、溶岩ドーム群が並んでいます。島の中央に位置する天上山は9世紀に生成しましたが、噴火活動

【5-1-3】　神津島から見た新島（右）と式根島

は未解明の部分が多いです。近年は新島－神津島－三宅島付近で、群発地震活動がしばしば発生しています。

御蔵島(ランクC:851m:33度52分28秒N、139度36分07秒E)は三宅島の南およそ20kmに位置する成層火山です。島の直径は約5kmですが、海面下の部分を含めると直径14km、比高1800mの火山です。主成層火山は1万年前以前に活動は停止していますし、南東側の溶岩ドームも5400年前に形成されたと考えられています。

八丈島(ランクC:八丈富士(西山)の標高と位置:854m、33度08分13秒N、139度45分58秒E)は「八丈富士」と呼ばれている西山と、「三原山」と呼ばれている東山の2つの成層火山が接合した、北西－南東14km、北東－南西7.5kmの島です。東山火山は10万年前から3700年前まで活動し、最新は3700年前に側火口からの噴火が起きています。西山火山は、1万年前から4000年前までの活動と考えられています。2002年には、付近で群発地震が発生してい

5-1-4 神津島

ます。
　青ヶ島(ランクC：432m：32度27分30秒N、139度45分33秒E)は北北西—南南東3.5km、西南西‐東北東2.5km、海面下の基底15km×8km、海底からの比高は1100mの火山体の頂上部が海上に突きでた火山島です。島の南3分の2を占める主成層火山の頂上部に直径1.5〜1.7kmの大火口があり、1780〜1785年(主に天明年間)に爆発的な噴火が続きました。特に1785年の噴火では、327名の島民のおよそ140名が亡くなったと推定されています。生き残った島民は全員が八丈島に避難して、以後50年間は無人島でしたが、現在は約200名が居住しています。

第5章 伊豆の火山

伊豆鳥島(とりしま)(ランクA:394m:30度29分02秒N、140度18分11秒E)は直径2.7km、海底からの比高はおよそ800mの成層火山です。山頂部に1.5kmの火口があり、その中に2つの中央火口丘があります。1902年8月、南方の海底、島の頂上部、北の海岸からそれぞれ大噴火が発生して125名の全島民が死亡し、無人島になりました。1947年から気象庁が測候所を設けましたが、1965年11月の群発地震で噴火の心配から全員避難し、現在は無人島です。

硫黄島(いおうとう)(ランクB:161m:24度45分03秒N、141度17分20秒E)は北東‐南西方向8km、幅4.5km、基底の直径40km、比高2000mの大きな海底火山の約10kmのカルデラ内が埋まり、頂上部が島となって海上に突きでています。島全体で地温が高く、噴気地帯が多く、あちこちで小規模な爆発が発生しています。第二次世界大戦の最後の激戦地でした。

青ヶ島から硫黄島の南100kmまで10座以上の海底火山や岩礁が並び、ときどき活動を繰り返していますが、火山災害の面からは航行する船舶や航空機以外は影響を受けません。ただ1952～53年の明神礁(ベヨネーズ列岩)の大爆発では、海上保安庁の第5海洋丸が調査中に噴火に遭遇、31名全員が殉職しました。

【5-1-5】 三宅島から御蔵島を望む

5-2 富士山

　富士山の美しい山体は約8万年前から始まった噴火活動によって、約1万年前までに現在の姿が創造されました。それ以前の数十万年間、活動していた小御岳と呼ばれる古い火山体があり、新しい火山はその上に噴出し、成長していきました。数百年間隔で噴火を繰り返し、大量の火山灰や火山礫、溶岩を流出し、日本一の高さの成層火山がつくられていったのです。

　研究者たちは約1万年前までに形成された山体を「古富士火山」、1万年以後の火山を「新富士火山」と呼びます。古富士火山の活動が山頂火口からの火山灰、火山礫、溶岩流などの噴出だったのに対し、新富士火山の活動は山頂火口からの噴出に加え、側火口からの噴火が始まりました。特に1万1千年前から8千年前の大量の溶岩の流出によって、山体および山麓のほとんどは埋め尽くされ、ほぼ現在見られる形になりました。

　直径50km、体積が1400km^{3}の火山体は東斜面がややなだらかです。富士山山頂付近では偏西風が激しく吹いていますから、噴出物は東側に飛ばされ堆積した結果です。富士山周辺にはおよそ100個の側火口が点在しています。

　歴史時代に入っても、富士山は20回以上の噴火を記録しています。もっとも古い噴火の記録は781年です。

　『田児の浦ゆ　うち出でて見れば　真白にぞ　不盡の　高嶺に　雪は降りける』

　山部赤人の名歌が読まれたのは、この噴火以前です。この歌の表現からは火山活動の活発な様子は伝わってきませんから、山頂から噴煙が立ち昇ることはあっても、全体としては静かな状態で

あったと想像できます。

800〜801年の噴火では降灰のため、当時の都から東国へと通じていた現在の神奈川県北西部の足柄路が埋没してしまいました。当時の幹線道路だったのでしょう。翌802年に新しく箱根路が開かれました。

864〜865年、北西山腹から噴火し、多量の灰が噴出しました。さらに長尾山付近から溶岩が流出し、北西に流れた溶岩は山頂の火口から16kmも離れている本栖湖に達しています。さらに北への流れは「せの海」を「精進湖」と「西湖」に二分し「富士五湖」を創造しました。北東への溶岩流は吉田付近に達し、人家も埋没する被害がでています。

【5-2-1】 富士山麓の樹海

【5-2-2】 樹海の根元。溶岩原で地下に根が張れず、地表に露出している

長尾山は標高1424m、火口からは北西に約9km、精進口登山道の1合目付近です。その南に広がる「青木ケ原樹海」は、このときの溶岩原の上に1000年以上の歳月を要して回復した植物群です。樹海といっても溶岩原ですから現在でもほとんど土はなく、溶岩の表面を這うように太い根が広がっています。溶岩の表面に張りついて成長していったコケの群落が、大木に養分を供給する役割を担っています。氷穴、風穴などの名称で、多くの「溶岩トンネル」が至るところに残されています。「鳴沢の溶岩樹形」もこのときにできたものです。

　記録が残されるようになってからの富士山は、8世紀後半から11世紀の300年間、活発な活動が続いていたようです。

　1020〜1060年ごろに書かれた平安時代の紀行文学の出色とされている『更級日記』には、『山のいただきの少し平ぎたるより、煙はたちのぼる。夕ぐれは火のもえたつも見ゆ…』とあります。山頂の噴火口から噴煙がでているだけでなく、日が暮れると火も見えたということから、当時の火口内には溶岩が充満し、「火映現象」が見られたと推測できます。富士山は1033年、1083年に噴火した記録が残されており、その活動は更級日記の記述とも一致しているのです。

　鎌倉時代の紀行文の『海道記』には、『富士の山を見れば‥‥‥温泉、頂に沸して細煙かすかに立ち…』とあります。海道記が書かれたのは1223年ですが、1100年代、1200年代には富士山が噴火した記録は残っていません。300年間にわたる火山活動が静かになった13世紀初めごろでも、まだ噴煙活動があったことを示しています。

　同じく鎌倉時代の紀行文の『十六夜日記』にも、『富士の山を見れば、煙立たず。昔、父の朝臣に誘われて・・・遠江の国までは

見しかば、富士の煙の末も、朝夕たしかに見えしものを、いつの年よりか絶えしと問えば、さだかに答ふる人だになし』とあります。著者の阿仏尼は、父からは富士山の煙がでていたことを聞いているが、晩年の1279年、京都から鎌倉への道中では煙は見えず、いつ絶えたか聞いても、誰も知らなかったというのです。

　これらの紀行文の記述からは、富士山の噴煙は13世紀の前半にはまだ見えていたが、後半には見えなくなった、つまり1250年ごろが噴煙が絶えた境界の時期だと推測できます。それから17世紀までは目立った噴火もなかったのが、1707年になって大噴火を起こしました。

　1707年（宝永4年）12月15日から富士山周辺では、地震が群発していました。そして16日の朝、南東山腹で爆発して黒煙が上

5-2-3 風穴

がり、噴石が飛び、火山雷が発生しました。人々は何回もの衝撃的な空気振動を感じました。灰や砂は東に流れ、その日のうちに江戸にも多量の灰が降りました。川崎では灰の厚さが5cm、噴出物の総量は$8.5 \times 10^8 m^3$と推定されています。噴火は月末まで断続的に続きましたが、次第に弱まりました。

爆発した場所は「宝永火口」と呼ばれ、その下側に火砕丘が出現し、「宝永山」(2693m)と呼ばれています。この宝永山の出現で円錐形の美しい山体にも南側や北側からは山腹に突起が見えるようになり、東側から見れば宝永火口が口を開いていることになりました。

日本の浮世絵を世界の浮世絵と認めさせる多くの版画を残した葛飾北斎(1760～1849年)や歌川広重(1797～1858年)は、それぞれ富士山を題材にした多くの版画を残しています。その「富嶽三十六景」を見ても、どの富士山にも煙が見えません。宝永の噴火から数十年が経過し、北斎、広重が見た富士山は煙を立ち昇らせていなかったのでしょう。そして21世紀の今日まで、3世紀を経過しても、富士山の火山活動は静穏期が続いています。

歌川広重の時代を経て日本は文明開化を迎え、近代国家へと発展していきます。近代科学も発展しました。富士山の頂上には気象観測のため富士山測候所が開設され、気象観測ばかりでなく、山頂火口内の様子も毎日、目視されるようになりました。山頂に人が常駐できると判断されたのですから、明治時代すでに富士山の噴火の心配はないと判断されたのでしょう。学問的には「休火山」と分類され、火山学的には重要視されない、あるいは噴火の心配ない火山と考えられていました。

そんな背景のなかで、1970年ごろ、富士山周辺に設置された地震計に非常に低周波の地震が、富士山直下30km付近で起きたこ

とが観測されました。この低周波地震は、富士山直下のマグマ溜まりの振動によって励起されたのではないか、もしマグマ溜まりでなにかの動きがあるなら噴火の可能性はないのかなど、低周波地震の発生は、多くの火山研究者を緊張させました。東京大学や防災科学技術研究所はただちに富士山周辺にも観測点を設け、地震や傾斜計による地面の傾きの観測を始めました（1-7、1-7-6参照）。

　富士山がようやく観測器械という、科学の目で連続的に見られるようになったのです。低周波地震が最初に観測されてから40年以上が経過しましたが、富士山の火山活動には大きな変化はなく、静穏な状態が続いています。おかげで毎年夏になると多くの登山者が、富士登山を楽しんでいます。最近は日本人ばかりでなく外国からも富士登山を楽しむ観光客が訪れています。富士登山が安心してできるのも静穏期のおかげです。

【5-2-4】 宝永火口

5-3 箱根山（1）―複雑な成り立ち―

　箱根山は、江戸時代には「箱根七湯」の温泉場として広く知られていました。もう噴火することがないと考えられていた火山ですが、最後の噴火が3000年前ごろで、活火山と定義されるようになりました。

　箱根火山の裾野の広がりは南北25km、東西20km程度で、底部は富士山よりひと回り小さい程度の火山です。その底部の上に円錐形の成層火山を想像すると、標高2700mぐらいの火山になるはずですが、実際には頂上部は海抜1000m前後の稜線が連なる円錐台状の複式火山です。外輪山、中央火口丘の溶岩円頂丘などがスカイラインに凹凸を形成しています。

　箱根火山は40万年前に、現在の中央火口丘付近からの噴火から創造されていったと考えられています。繰り返しの噴火活動で、海抜2700mの堂々とした成層火山が形成されていました。この成層火山の活動は20万年以上続いたと推定されています。この時期に北端に金時山、南端に幕山が生じています。この時代の箱根山を研究者たちは「古箱根」と呼んでいます。

　約20万年前に山体の中央に大陥没が起こり、カルデラが形成されました。古箱根の形成に寄与していた山体直下の、マグマ溜まりからの大量の噴出によって空洞が生じた結果です。

　現在のカルデラは南北12km、東西8kmの楕円形ですが、陥没当初のカルデラはもっと小さかったと推定されています。地質調査やボーリングでの調査の結果、このカルデラの中には厚さが数十メートルと、比較的厚い溶岩流の層が数枚存在しています。この事実からカルデラ内に溶岩の流入によって、盾状火山が形成さ

れていたと推定されています。

　さらにこの盾状火山を突き破るように、軽石やスコリアを含む火砕流が何回か噴出して、ときには外輪山を超えて斜面を流れ下り、裾野を広げていったようです。このような火砕流は、当時すでに形成されていた早川の谷に沿って流れ下り、小田原周辺にまで達しています。この火砕流の噴出が5万年前ごろと推定されています。

　火砕流の噴出によって、盾状火山を形成していたカルデラは陥

【5-3-1】 東側から見た箱根火山

【5-3-2】 箱根カルデラの芦ノ湖と中央火口丘の神山、駒ケ岳と二子山

没して新しいカルデラが形成されました。このとき、古箱根の外輪山の内側に新しい外輪山が形成されました。小涌谷付近の浅間山はその一部です。そして、箱根火山は現在の姿が創造される最後の段階に入ったのです。

　古箱根時代に噴出している金時山と幕山を結ぶ北西―南東の線上に中央火口丘の駒ケ岳や神山、台ケ岳、二子山などの溶岩円頂丘が形成されていったのです。これらの活動は45000年前から5000年前までの間続いていました。

　約4000年前に神山の側面の大涌谷のある場所で大規模な水蒸気爆発が起こりました。山体が大崩落をして現在の大涌谷が出現したのです。このときの山崩れの土砂はおもに西に流れ、仙石原を横切るように堆積して、早川の上流部を堰止めました。その

【5-3-3】 冠ケ岳と大涌谷。神山は冠ケ岳の奥に位置する

結果、芦ノ湖が生まれたのです。芦ノ湖の南東岸の箱根神社近くの湖の中には、当時の杉の木がそのまま残っています。このときの水蒸気爆発ではマグマは直接関係しておらず、1888年の磐梯山の噴火と似た現象と推定されています。

芦ノ湖の出現によって、ようやく現在の大観光地「箱根」が創出されました。

箱根火山創造の40万年の歴史のなかで、成層火山、盾状火山、溶岩円頂丘など、それぞれ特徴的な活動が見られました。火山の形は噴出物の化学組成や物理条件によって決まります。同じ火山でもそのときどきで、噴出物、極言すればマグマの性質がまったく違うことがわかります。

【5-3-4】 金時山と仙石原

5-4 箱根山（2）－群発地震－

　箱根山は有史以来噴火が起こっていないのに、火山としての研究が進んでいる山の1つです。その理由は、箱根山では地震が群発することがあり、首都圏に近い観光地であることから、行政も研究にそれなりの力を入れていることによります。

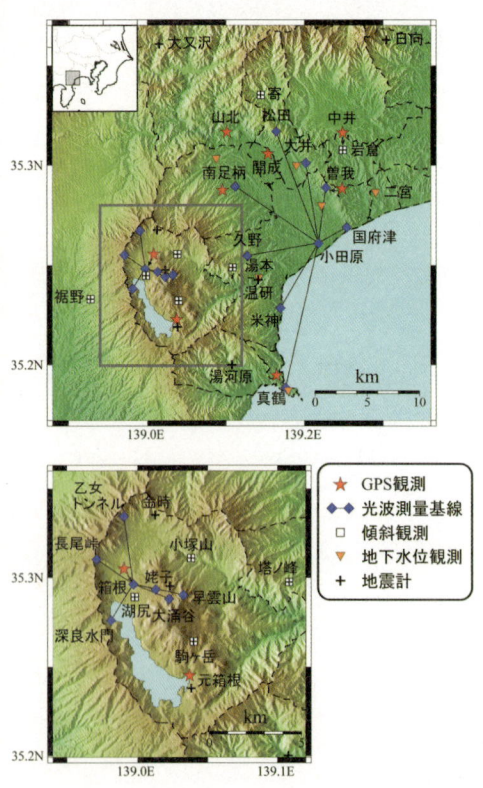

【5-4-1】　神奈川県温泉地学研究所の観測網（同所提供）

ところが箱根山で群発地震の記録が現れるのは、1786年3月(天明6年2月)からです。800年ごろから1786年までの約1000年間、箱根で地震が群発したという記録を残している古文書は発見されていません。これに対して富士山に関しては、800年の噴火による降灰から1707年の宝永の噴火まで、多くの記述が残されています。富士山の火山活動が活発だったこの時期、箱根山は火山噴火ばかりでなく、群発地震活動ですら静かだったようです。

箱根の群発地震を含む異常は以下のようになります。

1786年3月(天明6年2月)　箱根群発地震

1910年(明治43年)　箱根火山地すべり

1917年　1月17日〜2月上旬　地震鳴動頻発、1月30〜31日姥子で地震300回以上

　　　　6月21〜24日　姥子で鳴動100回以上

1920年　12月26〜31日　箱根群発地震　最大地震はM5.6

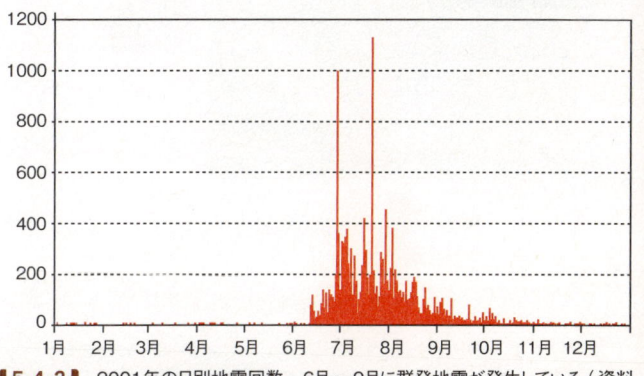

【5-4-2】 2001年の日別地震回数。6月〜9月に群発地震が発生している(資料提供:神奈川県温泉地学研究所)

1933年2月～1934年　大涌谷の噴気箇所移動、鳴動、地震多発

1935年1月　姥子で地震多数

1943年4月　箱根群発地震

1943年12月～1944年6月　箱根、三島で群発地震

1952年11月　箱根群発地震

1953年1月　箱根群発地震

1953年7月26日　早雲山で地すべり

1959年9月～1960年4月　箱根群発地震

1960年6月～7月　箱根群発地震

1967年5月　強羅・底倉温泉で20℃の温泉温度上昇

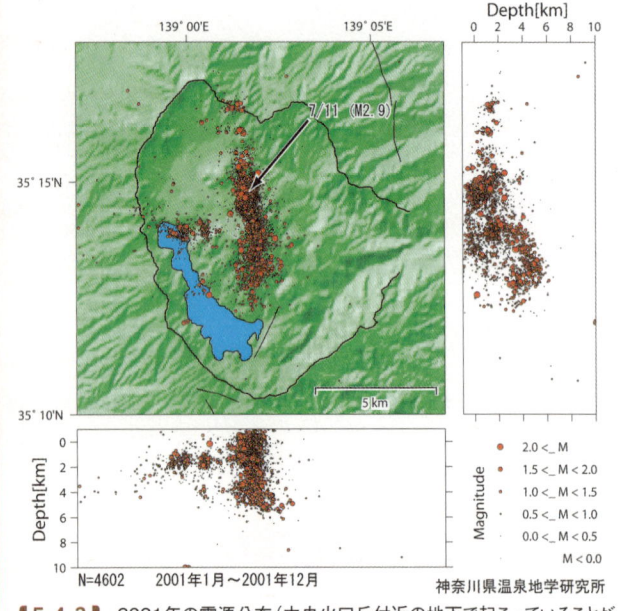

【5-4-3】 2001年の震源分布（中央火口丘付近の地下で起こっていることがわかる）（資料提供：神奈川県温泉地学研究所）

1968年4月〜7月　箱根群発地震

　上記のなかで姥子は、大涌谷の西側に隣接する古くからの湯治場です。金太郎（坂田金時）を育てた姥が住んでいたという伝説の地で、人が常駐していたので記録に残りやすかった場所です。

　箱根地域での顕著な地震活動は、20世紀になってがほとんどで、十数回を数えます。このうち1917年の群発地震で、初めて科学的な調査がなされましたが、本格的な観測・調査は1959年9月の群発地震からです。

　地震発生を知った東京大学地震研究所では、ただちに箱根山中に地震計を配置し、地震の震源決定を試み、地震活動の推移を見守りました。そして1959年12月から1960年3月までの活動期をとらえ、1月24日には3時間で200回以上の地震を記録しました。また地震は中央火口丘の北側、大涌谷付近で、地下3kmぐらいまでの深さで起こっていること、噴火につながるようなマグマの動きは観測されていないことなどを明らかにしました。箱根火山の群発地震活動に初めて現代科学の機器が導入されたのです。

　神奈川県は急遽、箱根に火山観測所を新設して、地震研究所の指導を受けながら定常的な地震観測を開始しました。火山観測所は温泉地学研究所として発展し、箱根山中に地震計や地熱測定の温度計ばかりでなく、地殻変動観測の機器などを設置して、常時観測を続けています。

　1つの県がこのような研究所を設置している例はめずらしいですが、この研究所が存在するため、神奈川県民ばかりでなく、箱根周辺の住民や訪れる観光客も、群発地震から東海地震のような巨大地震に関しても有効な情報が得られるのです。

5-5 伊豆東部火山群

　火山防災の面から気象庁は伊豆半島の東岸中部地域に点在する多くの単成火山群をまとめて、「伊豆東部火山群」と総称するようになりました。静岡県伊東市付近は、しばしば群発地震が発生することで知られていました。1930年の群発地震のとき、初めて地震計を設置して臨時に観測が実施され、「干潮時に地震活動が活発になる傾向がいちじるしい」との報告がなされています。

　その後もたびたび群発地震が発生していました。1989年6月30日からは最大M5.5を含む地震が起こり始め、地震の回数は24000回を超えました。7月11日からは大振幅の火山性微動が発生し、噴火の発生が現実味を帯び、海底噴火が起こりました。その後、海底地形の調査で噴火地点の高まりを「手石海丘」と名づけられました。

　このように噴火がどこから起こるか特定されないのはめずらしく、

【5-5-1】　中央が大室山（火砕丘）。左手前は矢筈山（やはずやま）（溶岩円頂丘）

またその事実こそ、この付近の特徴ともいえることがわかってきました。

この地域には多数の砕屑丘、溶岩流、溶岩ドーム、火砕流台地、円形凹地や海底火山などの単成火山が点在し、その数は75を数えます。

大室山（火山群全体のランクB：580m：34度54分11秒N、139度05分41秒E）はこれらの火山群のなかで最大で、5000年前ごろの噴火で形成されました。

最新の噴火は1989年の手石海丘の海底噴火です。

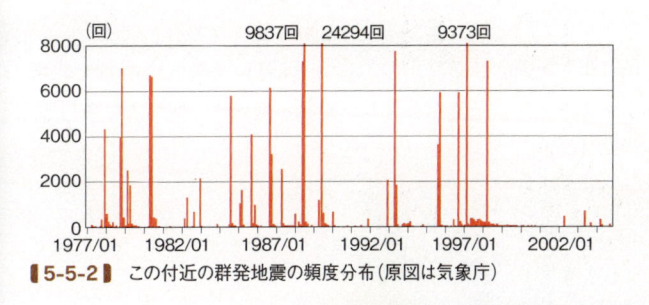

【5-5-2】 この付近の群発地震の頻度分布（原図は気象庁）

【5-5-3】 手石海丘の音響測深から得られた海底地形（原図は海上保安庁水路部）

5-6 伊豆大島(1) —御神火の島—

　伊豆大島(ランクA:758m、34度43分29秒N、139度23分41秒E)は北北西－南南東13km、東北東－西南西9kmの頂上部にカルデラと中央火口丘の三原山がある成層火山です。大島火山は数万年前から活動を始め、山頂のカルデラのほか、北北西－南南東方向に沿って割れ目火口から形成された側火口が多数あります。7世紀ごろには山頂部にカルデラが形成され、噴火が起こると、溶岩はカルデラ床を埋めつくし、さらに外輪山の外にあふれでて、山麓へと流れ下っています。

　1684年(貞享元年)3月から約1カ月間続いた噴火は溶岩を北東海岸まで流出し、地震が多発して家屋が倒壊する被害もでました。「貞享の大噴火」と称されています。

5-6-1 西側から見た伊豆大島

1777年(安永6年)8月31日、三原山山頂火口から噴火が始まり、スコリアが島全体に降下し、少量の溶岩流出がありました。1778年4月27日、溶岩の流出をともなった噴火が起こりました。11月6日にまた溶岩が流出して南西方向の海岸地域にまで達し、11月15日には北東方向へ流出してカルデラを埋め、外輪山から東に流れ下り、海岸に達しました。1779年に入り活動は次第に弱まりましたが、一連の火山活動は「安永の大噴火」と呼ばれています。

　1896年には、火口底には赤熱の溶岩が露出していました。

　1912年2月23日から中央火口丘で溶岩流出が始まり、火口内は溶岩と噴石で埋まり、その中で割れ目火口が形成されました。さらに溶岩の流出が続き、噴石丘も形成され、火口底には溶岩湖が出現しましたが、1915年5月には活動は休止しました。

　1939年にも噴火があり、火口底に溶岩湖が出現しました。

　1950年7月16日に噴火が始まり、火口底には溶岩が噴出、7月

5-6-2 中央火口丘の三原山

26日には噴石丘が形成され、その高さは最高峰の三原山（当時755m）の高さに迫りました。8月末には溶岩は火口底を埋め、9月13日には火口縁北西部からカルデラ床に流出し、9月28日ごろにはその溶岩流の流出も終息しました。

　1951年2月4日に噴火が再開し、火口底から溶岩が流出し、2月下旬には火口縁からあふれだし、先端はカルデラ壁に達しました。同年4月16日から3度目の活動が始まり、火口底には溶岩湖が出現して噴火が繰り返されました。火口付近の地形は大きく変わり、中央部は50mも陥没して、旧来の中央火口が再現されました。

　この間に山体のあちこちで地磁気の伏角の測定が実施され、カルデラ内で最大30秒におよぶ伏角の減少が検出されました。地下で溶岩が大きく動いたことを示唆しています。

　伊豆大島の山頂火口内には、赤熱の溶岩が存在する溶岩湖が

5-6-3 伊豆大島火口。この火口に溶岩が噴出し、溶岩湖が形成される

第5章 伊豆の火山

しばしば現れるのが大きな特徴の1つになっています。溶岩湖は流れやすい玄武岩質の溶岩の流出で形成されます。ハワイの火山が流れやすい溶岩と溶岩湖の出現で知られていますが、日本では伊豆大島にしばしば出現しています。このような溶岩の温度は1000℃から1100℃程度で、溶岩湖の表面は、明るい昼間は黒っぽく見えますが、黒い表面の中に赤い筋が見られます。そして夜間には赤く見え、周辺の山や雲に反射して、山麓からは山頂付近がボーッと赤く見えます。伊豆大島ではこの火映現象を「御神火」と呼びます。

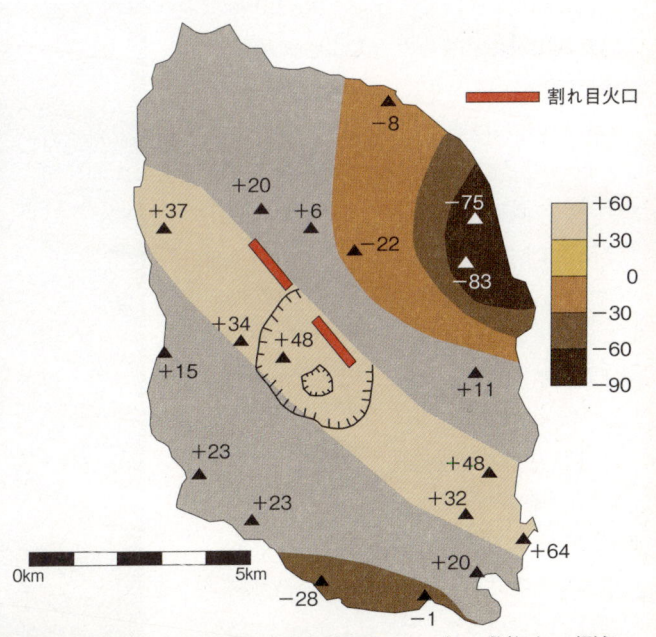

5-6-4 重力の変化分布図。数値の単位はマイクロガル。数値が＋の領域にマグマが上昇してきている（原図は東京大学地震研究所）

5-7 伊豆大島(2)－昭和61年(1986年)伊豆大島噴火－

1986年11月12日、1974年2月以来の噴火を開始しました。12月まで続いたこのときの噴火活動は、リアルタイムで現場からテレビ放映されましたが、日本では初めての「火山噴火の実況中継」となり、茶の間に「火山噴火」を届けました。

噴火の前兆は4月1〜2日に起こった群発地震でした。島内ではM2.7の最大地震を含み、人体が揺れを感じる有感地震が38回記録されました。

7月には1974年以来12年ぶりで火山性微動が起こり始めました。火山性微動は地面が四六時中、ビリビリと振動しているのです。人体には感じませんが、地震計にはノイズのように連続微動が記録されています。この微動は11月の噴火が始まる前まで続きました。

8月から11月に地震が頻発し、有感地震は21回を数えました。そして11月12日、南側火口壁に噴気が見られるようになりました。

11月15日17時25分ごろ、南側火口壁から噴火が始まりました。真っ赤な溶岩が噴水のように噴き上がる「溶岩噴泉」で、火口内には溶岩湖が出現しました。

19日には溶岩湖のレベルが上がり、火口内に充満した溶岩が、火口からあふれだし、

カルデラ床に流れ下りました。この噴火は23日まで続き、その噴火口はA火口と呼ばれました。

21日14時ごろからふたたび地震活動が活発になり、16時15分からカルデラ床で割れ目噴火が始まりました。溶岩は割れ目からカーテン状に噴き上がり（溶岩噴泉）、流れだしました（1-4-6参照）。このカルデラ床の噴火口はB火口と呼ばれています。B火口はカルデラ床の北西－南東方向1kmにわたり8個の火口が並びました。

続いて17時46分ごろ、外輪山北側斜面でも噴火が始まりました。その火口はC火口と呼ばれ、B火口と同じように北西－南東方向

5-7-1　山頂からの噴火（写真提供：東京大学地震研究所）

に沿って11の小火口が並びました。20時45分ごろC火口からの噴火は停止しました。

この日の夜、全島民1万人が、島外へ避難し、その避難生活は1カ月におよびました。

22日02時ごろ、B火口の活動もほぼ終わりましたが、23日にはカルデラ内で2次的に溶岩が流れでました。この日で噴火活動はひとまず沈静化しました。

5-7-2 カルデラ内の割れ目大噴火（カーテン状の噴火）
（写真提供：東京大学地震研究所）

第5章 伊豆の火山

　12月17日、火山性微動がふたたび出始め、12月18日17時30分ごろA火口より噴火、約2時間にわたり爆発が繰り返されました。

　1987年になっても微動は続き、5月22〜25日には群発地震も起こりました。7〜11月には山頂での地震が次第に増加、11月16日10時47分に噴火、中央火口が約30m陥没、さらに18日の噴火で直径350〜400m、深さ150mの中央火口が再現されました。

　伊豆大島はその後も地震が頻発したり、小規模な噴火をしたりと、弱いながらも火山活動が続いています。

5-7-3 カルデラ内の割れ目の噴火（写真提供：東京大学地震研究所）

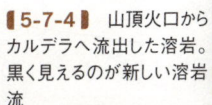

5-7-4 山頂火口からカルデラへ流出した溶岩。黒く見えるのが新しい溶岩流

5-8 三宅島(1) ―島のあちこちから噴火―

　三宅島(ランクA:775m:34度05分37秒N、139度31分34秒E)は直径8km、ほぼ円形の成層火山です。頂上には3.5kmの外側カルデラがあり、その内側には2000年の噴火で生じた直径1.6kmの内側カルデラがあります。山頂のカルデラ内の火口のほか、山腹にも側火口、海岸近くにもマグマ水蒸気爆発による爆裂火口などが、数多く点在しています。

　約7000年前以降の火山活動は堆積物の状況から、調査が進んでいますが、それ以前は得られる資料も少なく、ほとんど未解明です。2500年前には過去1万年間でもっとも噴出量の多い噴火が起こり、島の中央には大きなカルデラが形成されました。それ以後12世紀後半まで、このカルデラからの活動が続き、スコリアや溶岩が噴出し、雄山が形成されました。山腹からの噴火も数多くありました。その後15世紀後半までの300年間は、噴火は認められていません。

　最近の活動は山頂から北－東南東、西－西南西の方向の山腹から山麓での短い期間の割れ目噴火が多いですが、ときには山頂からの噴火も起こります。

　1643年(寛永20年)3月31日18時ごろ、有感地震が起こり、20時ごろには噴火し、その活動は3週間続きました。溶岩は海へ

と1km流出し、島の西側にあった当時の阿古村は全村焼失、風下にあたる集落には火山灰や噴石が積もり、人家、田畑が埋まりましたが、死傷者はいませんでした。

1712年(正徳元年)2月4日18時より有感地震が頻発し、20時ごろから噴火、溶岩は海中にまで流出しました。家屋は埋没し、牛馬が死にました。約2週間で噴火は沈静化しましたが、噴気などの活動は翌年まで続きました。

1763年(宝暦13年)8月7日夜、雄山山頂から噴火、その後西側

【5-8-1】 2000年の噴火で出現した三宅島の内側カルデラ

山麓からも噴火、新しい山麓の噴火口には水が溜まり池となりました。活動は1769年まで続きました。

　1811年（文化8年）1月27日夜、山頂から北東山腹で噴火、6時ごろには弱くなりましたが、2月1日まで地震が頻発しました。

　1835年（天保6年）11月10日、地鳴り、鳴動が頻発したあと、西側山腹から噴火、溶岩も流出しました。同日夜には噴火は沈静化しましたが、地震の頻発は続き、地面の崩壊や地割れが生じました。阿古村に温泉が湧出しました。

　1874年（明治7年）7月3日8時ごろから地震が起こりだし、正午ごろ、北斜面の山中で噴火が始まり、溶岩が流出、北の海岸に5000m^{2}の新しい陸地が出現しました。活動は2週間続き、人家45棟が溶岩に埋没、死者1名がでました。

　1940年7月12日、19時30分ごろ北東山腹より噴火し、溶岩は海岸にまで達しました。前年末から付近の噴石丘や海岸で、水蒸気が上がったり、噴火の数日前には地震や鳴動がありました。山腹噴火は翌日には終わりましたが、14日からは山頂噴火が始まり、8月8日ごろまで多量の火山灰や噴石の放出が続きました。死者11名、負傷者20名を数え、牛35頭が死に、全壊・焼失家屋24棟など大きな被害がでました。

　1962年、5月より地震が群発したあと、8月24日22時過ぎ、標高200〜400mの北東山腹より噴火し、約30時間の活動で終息しました。噴火は割れ目噴火、溶岩噴泉で、多くの火口から溶岩が流れだし、海中にまで流入しました。

　噴火中から有感地震が頻発し、8月30日には2000回以上を数えました。その震源域は噴火地域の反対側の島の北西地域で、住民は不安となり、学童が疎開しましたが、年末にかけてすべての活動が沈静化しました。噴火による被害は焼失家屋5棟のほか、

山林、耕地にもおよびました。

　1983年10月3日、「昭和58年（1983年）三宅島噴火」が起こりました。15時23分ごろ、南西山腹に生じた割れ目から噴火が起こり、溶岩噴泉で流出した溶岩は3方向に流れ、南南西に流れたものは海中に達し、西方に流出したものは阿古地区の人家を埋没し、海岸に達しました。また島の南部ではマグマ水蒸気爆発が発生し、多量の噴出物が被害を増大させました。噴火前後に101回の有感地震が記録されています。

　家屋の埋没・焼失が約400棟、山地や耕地にも被害がでましたが、人命の損失はありませんでした。

　このように最近500年間では17～69年の間隔、平均すると50年に1回の割合で噴火が発生し、そのたびに2000～3000万トンの噴出物を放出しています。山頂ばかりでなく、山腹、山麓と島の至るところから噴火が起こっているのが、三宅島の火山噴火の特徴です。

5-8-2　1983年の噴火で溶岩流に埋まった阿古中学校

5-9 三宅島(2) －火山ガスの発生－

　2000年に発生した三宅島の噴火活動は、これまでの活動とは異なる様相を呈しました。

　6月26日の夕刻から島の直下で地震が頻発し始め、地殻変動の観測にも変化が起きていました。19時33分、気象庁は噴火の恐れがあるとして「緊急火山情報」を発し、住民の注意を喚起しました。

　噴火によるのかどうかはっきりはしませんでしたが、西側の海面で変色した水域が確認されました。震源はさらに西方沖へと移動して、新島－神津島近海で活発な地震活動が続き、最大地震のM6.5、震度は6弱の大きな群発地震活動となりました。群発地震で最大地震がM6を超えるのはきわめてめずらしいことです。この時点では、上昇したマグマは西方へ移動していたと考えられていました。

　ところが7月4日から雄山の山頂直下で地震が起こり始めました。そして7月8日に山頂からの噴火が始まりました。山頂からの噴火は繰り返し起きていましたが、8月18日の大規模な噴火では噴煙は14000mにまで達し、島内全域に大量の噴石や火山灰を降らせました。29日の噴火では低温の火砕流が発生し、海岸まで達し、雨により堆積していた火山灰が泥流となって流れました。

　この間に山頂では陥没が進行し、直径1.6km、深さ500mの火口が出現しました。内側カルデラの形成です(5-8-1参照)。

　9月には爆発的な噴火活動はほぼ終息しましたが、その後は大量の火山ガスが山頂から放出されるようになりました。火山ガスの主成分は二酸化硫黄(亜硫酸ガス)で、人体には有害です。

第5章 伊豆の火山

　二酸化硫黄の放出量は、10月ごろまでは1日に2～5万トンに達していました。二酸化硫黄の放出量も火山活動の低下とともに次第に減少して、2003年には1日1万トン以下になりました。

　8月29日の大規模な噴火が起こったあと、9月1日に三宅村は

```
1982 01 01 00:00 － 1983 11 31 24:00  ● M>3.5 N=204
2000 01 01 00:00 － 2000 11 31 24:00  ○ M>4.5 N=154
```

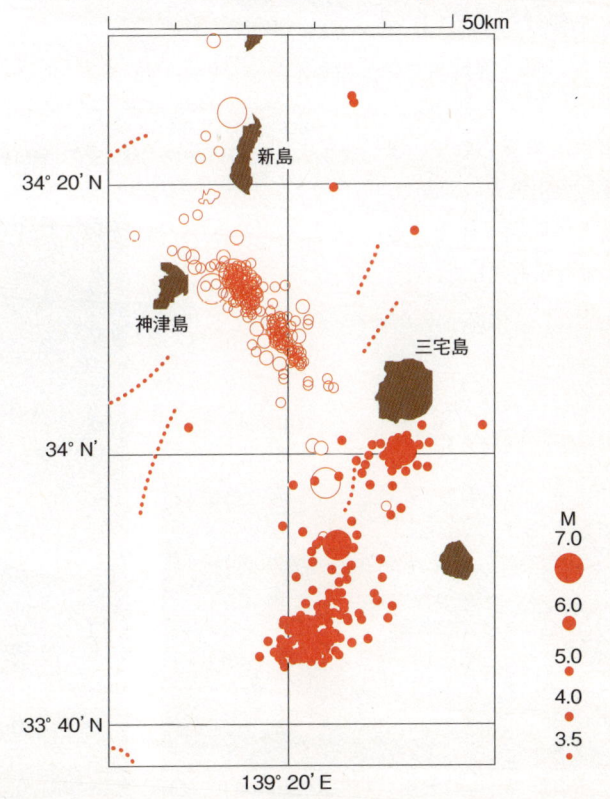

【5-9-1】 2000年の神津島付近の群発地震と1983年の三宅島南方の群発地震

全島民を島外に避難させることを決定したのです。9月2〜4日には全島民3855名、世帯数1972が本土に避難をしました。島民の避難生活は、火山ガスの心配のなくなった2005年2月まで続きました。

火山噴火で1日数万トンという大量の火山ガスが長期にわたり噴出を続けたのは、日本の火山噴火ではもちろん、世界でも初めての事例と考えられています。火山災害の面から、新しい問題提起を突きつけた噴火でした。

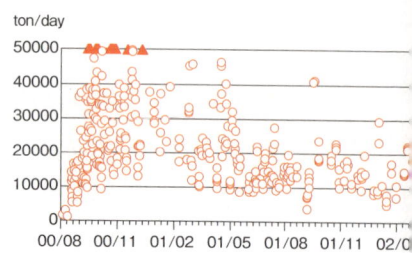

【5-9-2】 1日あたりの二酸化硫黄の噴出量。単位はトン（原図は気象庁）

【5-9-3】 噴火による被害。噴石により屋根は壊れ、地面には灰が堆積している

第5章 伊豆の火山

　2000年9月以後、ときどき小規模な噴火が起こり、山麓に降灰がありましたが、次第に沈静化し、火山ガスの放出も減少し、避難解除へと至りました。

火山ガス(SO_2)放出量

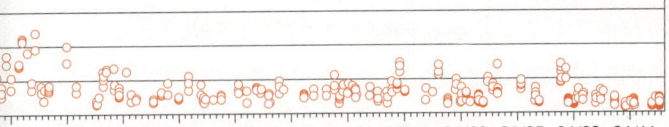

【5-9-4】　噴煙活動が活発な三宅島

COLUMN 4

学者のたわごと ❷
― たった3000年 ―

　箱根火山の防災マップは、ほかの火山とはその内容がやや異なります。箱根火山周辺の住民や訪れる人が注意しなければならないのは、1) 地震の頻発、2) 火山ガスの発生、3) 大涌谷付近からの水蒸気爆発の3項目が強調されています。

　箱根では「もし大爆発があるとすれば、5万年以内に仙石原付近から」ということを強調すべきだという意見がありました。

　箱根の最後の噴火は「たった3000年前に大涌谷付近からですよ。噴火の可能性は否定できないでしょう」という意見もありました。

　防災マップの作成にたずさわった火山を専門に研究する人たちは、防災マップは「予想される大噴火を中心に記述すべし」と強調していました。

　しかし、箱根の防災マップは箱根町という地方自治体が作成し、住民に配布するものです。作成した防災マップが行政からの資料として役立つのは、せいぜい10年でしょう。どんなに長くみても30年程度で、50年後にはその存在が忘れられているのではないでしょうか。そうであれば「これから数十年間に起こると予想される現象」を記述すべきです。

　最新の噴火はたった3000年前といわれると、行政の関係者はいかにも噴火がすぐ起こりそうな錯覚をするようです。そこで「たった3000年というけれど、存在が疑問視される神武天皇より400年も前ですよ」というと、神代の話と理解されるのです。

　学者はとかく「自分の世界で発言」します。「5万年以内に仙石原で噴火」などといわれても、住民は対処する方法もないでしょう。たとえ高説であっても、「たわごと」でしかありません。　　　（神沼）

第6章
西日本の火山

西日本は島根県と山口県以外、活火山がほとんどありません。しかし火山学を学ぶうえで興味深い地域、大山隠岐国立公園があります。この第6章ではこの大山隠岐国立公園に存在する三瓶山や山口県の笠山などについて、その周辺の風景や地形とともに見ていきます。

6-1 大山隠岐国立公園

　火山がほとんどない近畿・中国・四国地方ですが、そのなかでただ2つの活火山が島根県の三瓶山(さんべさん)(1126m)と山口県の笠山(かさやま)(112m)を含む阿武火山群です。鳥取県の大山(だいせん)(1729m)も活火山に分類されていましたが、最新の噴火が2万年ぐらい前と推定され、活火山のカテゴリーからは外されました(7-1-1参照)。

　そんななかで興味深い地域が「大山隠岐国立公園(だいせんおきこくりつこうえん)」です。この国立公園は大山とその周辺の山々からなる大山蒜山地域、隠岐諸島、島根半島、三瓶山周辺の4地域で構成されていますが、島根半島

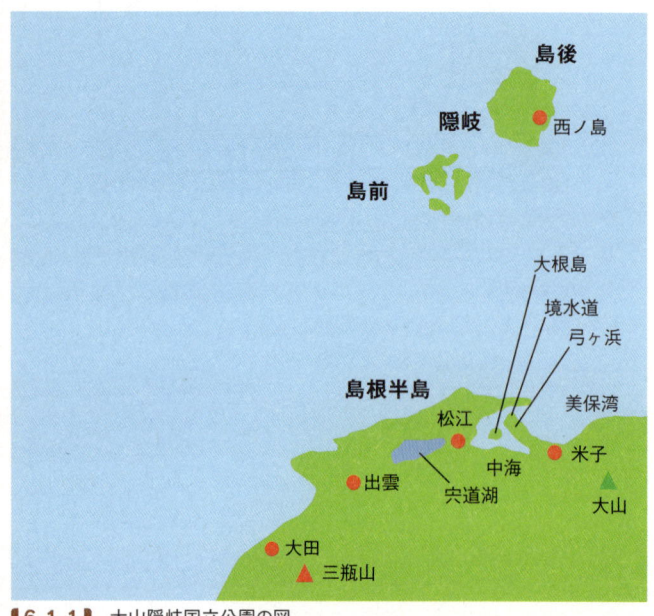

6-1-1　大山隠岐国立公園の図

を除く3地域が火山です。しかもこの地域は出雲風土記にある『国引き』の舞台です。そんな目でこの地域を見ますと、現在の風景から過去へとタイムスリップをして自然が見えてきます。

　島根半島は東西65km、南北幅5〜20km、標高が250〜500mの半島です。本州との間には西から出雲平野、宍道湖、中海が並び、美保湾から日本海へとつながり、「宍道地溝帯」と呼ばれ、構造的に大きな窪地となっています。本州側の中国山地から北側の海岸に面する平地は全体に狭いですが、その狭い平地が地溝帯を介して島根半島に続いています。

　韓国のソウルから東京（成田、羽田）に向かう飛行機は隠岐諸島の上空を通過し、島根半島に達すると機首を東へと向けます。したがって天候さえよければ、この付近の地形をつぶさに観察できます。上空から見る島根半島はまさに島で、その間に低地が

【6-1-2】　宍道湖と嫁が島、島根半島を望む（撮影：定秀陽介氏）

続き、本州と接しています。つまり、当然のことながら、島根半島と本州を結ぶような山稜や丘陵はありません。やや切り立った島根半島の周辺部に対し、なだらかな本州側の景観から、地溝帯は本州側からの土砂の堆積により、一部が埋まって陸続きになったことがすぐ判別できます。

　少し数値的（あるいは学問的）な視野を入れるために、この付近の重力分布図を見ますと、その姿はより鮮明になります。重力分布で見ても島根半島は1つの大きな塊（地塊）で、本州側はそれ以上の大きな地塊です。そしてその間の地溝帯は両側に比べて細長い「質量の小さい地帯」です。島根半島や本州側が地表面付近まで基盤の岩盤で構成されているのに、この地溝帯はそれより

【6-1-3】　大山山麓から美保湾をへて望む島根半島（撮影：定秀陽介氏）

軽い物質、つまり土砂や水で埋められていることが重力分布からも読み取れます。

　島根半島の陸塊は、200万年前ごろまでには形成されていたと推定されます。また中海の大根島、宍道湖の嫁が島などの玄武岩質の島を形成した溶岩の噴出も終わり、本州と島根半島の間の細い海には小島が点在していました。そして地質時代の第四紀（258万年前から今日まで）に入ると、本州側からの土砂の流入で地溝帯の西側に沖積平野が発達していきました。最初は斐伊川の流れによって運ばれていた土砂は、20万年ぐらい前から始まった三瓶山形成の噴火活動により噴出した土砂が神戸川によって運ばれ、沖積平野が西に拡大していきました。それとともに、それまで西に流れていた斐伊川の流れは東に向かい、やはり平野の拡大を続け出雲平野が形成されました。

6-1-4 大根島の遠景（撮影：定秀陽介氏）

現在の松江市のJR松江駅を中心とする平坦地は、豪雨とか地震による山崩れのような、どちらかといえば突発的な現象で、本州側から押しだされた土砂により短期間で形成されたと推定されます。この低地は、宍道湖と中海を結ぶ水の流れが無数に通っていたことでしょう。現在のように大橋川が整備されたのは近世になってからです。

　日本最大の砂州の弓ヶ浜は、日野川河口から境水道まで16km、出雲風土記では「夜見島(よみのしま)」があったとされています。おそらく大根島に続く岩礁があったのではないでしょうか。3万年ぐらい前から大山北斜面では大きな噴火が始まり、大量の噴出物が北側に広く分布しました。そして、日野川の流れはその噴出物を海に流し、海流によって弓ヶ浜の美しい景観が創造されました。

【6-1-5】　境水道と島根半島(撮影：定秀陽介氏)

6-2 大山

　大山は鳥取県西部に位置し、東西35km、南北30km、成層火山の頂上や周辺に溶岩円頂丘や火砕丘が並ぶ複成火山です。この火山活動は100万年前に始まったと推定されます。50万年前ごろまでには現在の蒜山高原が形成されました。

　30万年前から20万年前には火砕流や火山砕屑物の噴出が繰り返され、次第に成層火山が形成されていきました。最高峰は剣が峰(1729m)ですが、それに続く弥山(1711m)は17000年前に噴出した溶岩円頂丘です。

　45000〜47000年前の噴火での噴出物は「倉吉軽石層」と呼ばれ、西風に乗って北陸地方、北関東から東北地方まで、広く分布し

| 6-2-1 | 弓ヶ浜から大山を望む(撮影：定秀陽介氏)

ていることで知られています。

　最近の十数万年間に少なくとも5回以上の火砕流の噴出が認められています。この活動は弥山の形成を含み、1万数千年前まで続きましたが、それ以後、歴史時代に入っても噴火の記録は認められていません。

　大山の特徴は、山体の中央部では一般に急斜面であるのに対し、山麓では相対的にゆるやかな斜面を形成しています。中心部は溶岩流や溶岩円頂丘で構成されているのに対し、広大な裾野にはおもに火砕流堆積物や降下火砕物が分布しているからです。

　米子空港に東側から侵入する飛行機の窓からは、この火山噴出物の流出した形態が眺められます。大山東麓から北麓には、この火山噴出物が形成した扇状地が広がっています。

　富士山に似た円錐形の山容から「伯耆富士（ほうきふじ）」とも呼ばれ、火神

【6-2-2】　美保関から望む大山。裾野のおだやかな傾斜がよくわかる（撮影：定秀陽介氏）

岳として国引き神話では、引き網をひっかけた杭の1つとして登場しています。歴史時代に入って噴火記録がないので、縄文人や弥生人も現在私たちが見る大山と同じ姿を見ていたことでしょう。

その山容からか、大山は2005年ごろまでは活火山として扱われ、毎年の『理科年表』にもそのように記載されていました。

【6-2-3】 美保湾と大山(撮影：定秀陽介氏)

【6-2-4】 大山西斜面(撮影：定秀陽介氏)

6-3 三瓶山

　三瓶山(ランクC：1126m：35度08分26秒N、132度37分18秒E)は島根県西部に位置し、約10万年前からの火山活動によって形成されました。何度かの火砕流をともなった大噴火が確認されています。三瓶山を紹介する次のような文章があります。

　『島根県のほぼ中央、出雲と石見の国境にそびえる標高1126mのトロイデ型(鐘状)の死火山が三瓶山だ。なだらかなスロープをおびた山容は女性的な美しさをもち、付近一帯は大山隠岐国立公園に属している。主峰を男三瓶(親三瓶)と呼び、これを中心に女三瓶・子三瓶・孫三瓶と連なり、室の内という火口跡を囲んで一家団欒の姿を見せる。『出雲風土記』国引きの神話にでてく

【6-3-1】　男三瓶、子三瓶、孫三瓶(撮影：定秀陽介氏)

る佐比売山はこの三瓶山だ』(『島根県の歴史散歩』山陰歴史研究会著、山川出版社、1986年)。

　火口跡のある室の内はカルデラで、〇三瓶と呼ばれるそれぞれは、カルデラを囲むように噴出した溶岩円頂丘です。1986年に出版されたこの本には「死火山」「トロイデ」などの火山用語が使われていますが、第1章で述べたようにすでに死語になったり、使われなくなったりしています。

　死火山とされた三瓶山が活火山になったのは約1万年以降、4500年前、3600年前、それ以降で時期が不詳の少なくとも3回の火山活動があったと推定されたからです。この最近の噴火でも火砕流や溶岩流が噴出し、火砕丘が形成され、火山泥流が発生し、森林が埋まり、埋没林として現在に至っています。

【6-3-2】 山麓からカルデラを望む（中央の低地）（撮影：定秀陽介氏）

【6-3-3】 男三瓶（撮影：荒木隆氏）

6-4 三瓶山の埋没林

　三瓶山山頂の北側およそ1km付近に発見された埋没林は、「三瓶小豆原埋没林」と呼ばれています。1983年に水田工事中、用水路部分を掘り下げた際、2本の立木が現れ、撤去されました。

　数年後、発掘時の記録写真から立木の意味する重要性が指摘され、1998年から発掘調査が行われ、埋没林が発見されたのです。イタリアのポンペイ遺跡の発見は噴火からおよそ600年後でしたが、噴火から約3500年以上が過ぎてからの発見でした。

　発見された埋没林は国の天然記念物に指定され「縄文の森発掘保存展示棟」がつくられ、地下展示室では発掘されたままの状態や、埋没したままの状態で保存、展示されています。この埋没林はその地層の状態から3600年前（保存館の解説では3500年前と

【6-4-1】「縄文の森発掘保存展示棟」の入り口（撮影：定秀陽介氏）

ありますが、どちらも同じと考えてください)の噴火にともなう山体崩壊による岩屑なだれによって形成されたと考えられています。巨大な岩屑なだれが立木をなぎ倒して、土砂とともに流れ下ったのです。

　岩屑なだれの本流から外れていた小豆原川の谷へは、下流から上流へ逆流するように岩屑なだれが襲い、そこにあった森林を埋めつくしました。逆流で流れの勢いが弱まり、立木は倒れることなく根元が埋まりました。埋没林の下流側に流されてきた倒木が堆積していることから、逆流したことがわかりました。

　岩屑なだれで下流をせき止められた小豆原川は、上流から大量の土砂や火山灰が流れてきて堆積し、さらに立木は埋められ、自然林の形が保存されたのです。立木は頭部まで埋まらなくとも

6-4-2　倒木と立木（撮影：定秀陽介氏）

まもなく枯死したようで、立木も倒木もほぼ同じ時期に枯れています。

埋没林の80%がスギですが、日当たりのよい場所ではトチ、ケヤキ、カシなどの広葉樹が50%を占めています。埋没林のある地層の上の地層には炭化した木片もあり、その後の噴火で火砕流

【6-4-3】 地層の中の流木片（撮影：定秀陽介氏）

【6-4-4】 巨木の根元（撮影：定秀陽介氏）

が発生して木々が燃えたことを示しています。

　三瓶山の噴火で縄文時代の森林が埋没したため、現代の私たちは縄文時代の森林のありさまを推定できる貴重な遺跡となっています。

【6-4-5】保存されている立木（撮影：定秀陽介氏）

【6-4-6】巨大スギの根元、人の大きさからその大きなことがわかる（撮影：定秀陽介氏）

6-5 隠岐諸島

　隠岐諸島は4つの大きな島からなり、知夫里島、西ノ島、中ノ島の三島を島前、北にありもっとも大きな島を島後と呼んでいます。島前の三島も島後も、玄武岩質の溶岩流の噴出によって形成されています。西ノ島の焼火山(452m)を囲むような別府湾、赤灘の瀬戸、浦郷港はカルデラです。

　どの島の海岸線もその多くは切り立った断崖で、変化に富む景観を呈しています。柱状節理がよく見られ、火山作用によって

6-5-1 隠岐諸島・島前の地図。中央の湾がカルデラ

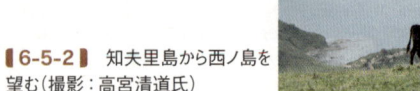

6-5-2 知夫里島から西ノ島を望む（撮影：高宮清道氏）

第6章 西日本の火山

できたことを示しています。

島は牛馬の放牧がなされ、のどかな風景を呈しています。

【6-5-3】 島後のよろい岩。棒状節理が火山であることを示している（撮影：高宮清道氏）

【6-5-4】 西ノ島・通天橋（撮影：高宮清道氏）

6-6 笠山（阿武火山群）

　笠山（ランクC：112m：34度26分58秒N、131度24分07秒E）は山口県萩市北東に位置し、日本海に突きでた基底が700～800mほどの「日本一小さな火山」といわれています。山口県北西部に分布する40ほどの火山体を総称して阿武火山群と呼んでいます。約200万～150万年前に溶岩台地が形成され、80万年前からさらに40万年前からと、その活動は区分されています。

　標高112mの頂上には、直径30m、深さ30mの噴火口があります。笠山は11000年前に海抜60m付近まで溶岩台地が形成されました。そして3000年前にはストロンボリ式噴火が繰り返され、現在の砕屑丘が形成されました。現代人こそ笠山の噴火は見たことはありませんが、縄文人は見続けていたことでしょう。たぶん自然の猛威を恐れながら見ていたのではないでしょうか。

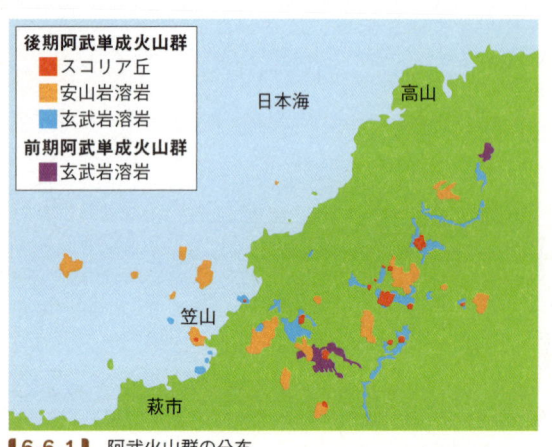

6-6-1　阿武火山群の分布

第6章 西日本の火山

【6-6-2】 笠山（撮影：荒木隆氏）

【6-6-3】 笠山遠望（撮影：荒木隆氏）

【6-6-4】 溶岩が露出している登山道（撮影：荒木隆氏）

6-7 屋島

　屋島は香川県高松市の北東部、高松港の東に突きでている半島です。第三紀（6500万年～258万年前）の間に噴出した溶岩台地です。古い火山なので火山活動でできた地形であることは間違いないのですが、現在は火山とは呼びません。

　東西2km、南北5km、花崗岩の上に凝灰岩が重なり、その上に安山岩の溶岩が厚く堆積しています。安山岩はハワイや伊豆大島で見られる流れやすい溶岩になる玄武岩より粘性は高いのですが、噴出時の温度が高かったので、粘性が低くなり広く流れて分布したと推定されます。頂上部は標高250～290mの平坦地が広がり、中部がくびれ、北嶺と南嶺に分かれています。この小さな古い台地が、溶岩台地の例として、教科書でも紹介されています。

【6-7-1】 瀬戸内海に突出している屋島（撮影：土居輝融氏）

東側のくびれ部分の入り江が源平の古戦場で、那須与一の故事で知られる檀ノ浦です。

【6-7-2】 露出している溶岩（撮影：土居輝融氏）

【6-7-3】 西側から見た屋島（撮影：土居輝融氏）

COLUMN 5

学者の驚愕
― 噴火を予知したという報道 ―

　1973年、霧島火山観測所に勤務していたときのことでした。ある新聞の一面トップを「東大地震研究所・高千穂峰の噴火を予知」という大見出しが飾りました。見出しは大きいのですが、内容は「霧島火山観測所が高千穂峰直下の地震に備え、臨時に地震観測点を設置した」というものでした。

　その数日前から高千穂峰直下10km付近に、観測所設立以来初めての地震が数回発生していました。深いところで地震が起こりだし、起こる場所が次第に上昇し、噴火に結びつく例が少なくありません。当時の地震観測網は、高千穂峰の東側には地震計が配置されておらず、震源決定精度が悪いので、その欠点を補うための観測点設置でした。

　記者は見慣れない場所で観測所の車を見たので、職員から事情を聞き、夜、私に確認の電話をかけ、記事にしたようです。もちろん私たちは、起こっている地震がただちに噴火に直結するとは考えていませんでした。ただ震源を精度よく決定し、その活動推移を見守る目的で、その主旨は伝えたつもりです。

　記事のでた日、私は上京中でした。当時はまだ宮崎から東京まで、寝台特急と新幹線を乗り継いでも十数時間かかっていました。記事を読んだ地元代議士らが動いて、高千穂峰の地震について国会で説明してほしいと、私を捜したようです。携帯電話のない時代で連絡もつかず、そのうちたいしたことはないらしいことがわかり、そのままになりました。

　メディアへの説明の難しさを痛感し、反省もした出来事でした。

第7章

九州の火山

活発に活動する活火山を多く有するのが、九州から南西諸島です。観光地として人気の高い阿蘇山はともかく、雲仙岳と桜島は活発な火山活動を続け、ときには周辺地域へ大変な被害をおよぼします。天孫降臨の霧島山も含めこの4つの活火山を中心に、その火山活動や被害状況などについて解説します。

7-1 九州・南西諸島の火山分布

　フィリピン海プレートの沈み込みによって形成されている西日本火山帯フロントの北端は中国地方の三瓶山や阿武火山群ですが、九州に入るとランクAの活動的な火山が並んでいます。また南西諸島も火山列島で、ランクA、Bの火山島が並んでいます。

　鶴見岳(つるみだけ)(ランクB：1375m：33度17分12秒N、131度25分47秒E)は別府市の背後に南北5kmにわたり並ぶ溶岩ドームの最南端に位置し、山頂北側に噴気孔があります。このドーム群(火山群)の

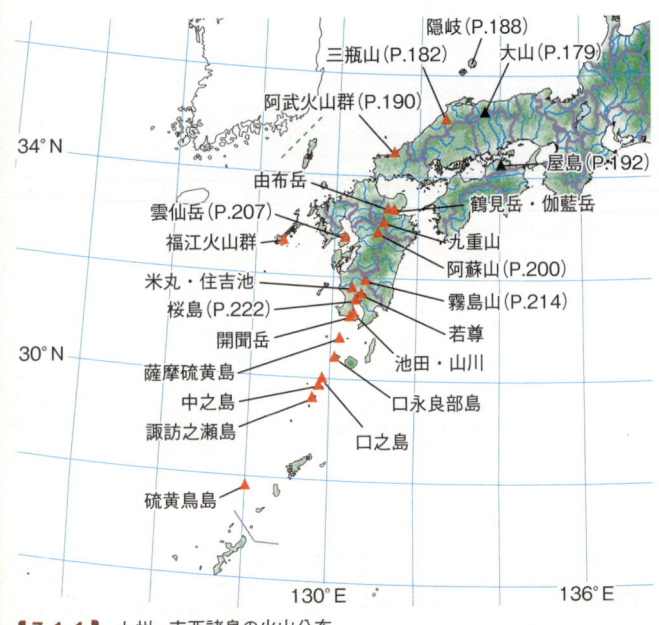

7-1-1　九州・南西諸島の火山分布

東側の山麓扇状地が別府温泉です。北端の伽藍岳の山頂付近には直径300mの火口地形が残っており、1995年の活動では直径1mぐらいの噴気孔がブツブツと泥土を噴出して、長径10m、短径7m、深さ4mの楕円形の泥火山が形成されました。

由布岳(ランクC：1583m：33度16分56秒N、131度23分25秒E)は「豊後富士」とも呼ばれ、鶴見岳の西側に位置し、西側には湯布院温泉があります。2200年前に規模の大きな噴火活動が発生しましたが、有史以後は記録されていません。

九重山(ランクB：1791m：33度05分09秒N、131度14分56秒E)は東西15kmに分布する20以上の溶岩ドームや、成層火山の集合体です。有史以後も噴気活動が活発になったり、水蒸気爆発が起こったりしています。西側の八丁原、大岳などには地熱発電所が設置されています。

【7-1-2】 九重連山

開聞岳(かいもんだけ)(ランクC：924m：31度10分48秒N、130度31分42秒E)は薩摩半島南端にある頂上部に溶岩ドームがある成層火山で、「薩摩富士」とも称されます。北東側には池田カルデラが広がり、池田湖、山川などのマールが点在しています。開聞岳の活動はおよそ4000年前に始まり、885年(仁和元年)8月29日の大噴火で頂上部に溶岩ドームが噴出しました。

　薩摩硫黄島(いおうじま)(ランクA：704m：30度47分35秒N、130度18分19秒E)は東西6km、南北3kmの火山島で、ほぼ東2kmの昭和硫黄島や同7〜12kmの竹島とともに、鬼界カルデラ(東西23km、南北16km)の北縁を形成しています。1934年に海底噴火が起こり、昭和硫黄島が出現しました。1990年以降(平成年間に入って)も地震活動や小規模な噴火活動がしばしば起こっています。

【7-1-3】　開聞岳

第7章 九州の火山

　口永良部島(ランクB：657m：30度26分36秒N、130度13分02秒E)は西北西－東南東方向12km、最大幅5km、西側3分の1でくびれた形の火山島です。くびれから西側部分が古い火山体、中央から東側部分が1万年前から現在も活動している新岳や古岳が位置しています。1930年以降(昭和年間以降)も小規模の噴火が起こったり、地震が群発したりしています。

　諏訪之瀬島(ランクA：796m：29度38分18秒N、129度42分50秒E)は北北東－南南東方向に8km、最大幅5kmの成層火山で、島の頂上部には直径200mと400mの2つの火口が南西－北東方向に並んでおり、1956年以降、ほぼ毎年ストロンボリ式噴火が繰り返されています。

7-1-4　口永良部島

199

7-2 阿蘇山(1) —巨大カルデラの火山—

阿蘇山(ランクA：高岳の標高と位置：1592m：32度53分04秒N、131度06分14秒E)は東西17km、南北25kmの楕円形をした阿蘇カルデラと、その中に並ぶ中央火口丘で構成される火山群の総称です。中央火口丘には東西に17個の独立した山体が並んでいますが、そのなかで主峰の高岳、根子岳、中岳、烏帽子岳、杵島岳の5つが阿蘇五岳と呼ばれています。

阿蘇カルデラは30万年前から9万年前の間に、4回の大きな活動期によって形成され、その後、カルデラ内部に中央火口丘が形成され現在の形になりました。

たとえば杵島岳は約3400年前のプリニー式噴火で形成され、そ

7-2-1 阿蘇中岳の火口内壁。重なった地層から過去の噴火活動が読み取れる

の北西側2kmにある米塚は2700年より新しい時代の溶岩流出とスコリアの噴出によって形成されました。

中岳は約4800年前に溶岩が流出したあと、3800〜3600年前に

【7-2-2】 阿蘇カルデラ。右上付近が中央火口丘

【7-2-3】 阿蘇中央火口丘の1つ根子岳

火山灰の噴出が活発となり形成され、ただ1つ現在も活動を続けています。中岳の活動は553年（欽明天皇14年）から知られていて、有史後は溶岩が流出するような大噴火はなく、主として赤熱の溶岩片を噴出するストロンボリ式噴火を繰り返しています。噴火記録の残る世紀は、6、9、13、14、15、16、17、18、19で、過去800年間は、100年間に数回から20数回の噴火活動が記録されています。

20世紀に入ってもその活動は続いていますが、1928年に京都大学が火山観測所を設置して少しずつ観測網は充実していきくわしく観測・記録されるようになりました。現在ではもっとも研究の進んでいる火山の1つです。

中岳の火口は南北1.1km、幅300〜400mで、北から南へ第1火口から第4火口まで、4つの火口に分かれています。そしてどの火口で噴火が起こったか、その噴火地点も詳細にわかるようになりました。

【7-2-4】 阿蘇夜の火口

7-3 阿蘇山（2）―観光と災害―

　阿蘇山では、溶岩や火砕流が噴出するような大規模な噴火は有史以来発生していません。1816年（文化13年）6月から噴火が起こり、活動が続きましたが、7月に噴石で1名が死亡した記録があります。容易に火口縁まで登れ、気軽に噴火活動を眺めることができることから、近代になってからは火口見物の観光客が噴石の直撃を受け死傷する事故が起こるようになりました。

　1932年、第1火口が6月、9月に活動し、11月からは黒煙が上がり、噴石を飛ばすようになりました。12月17～19日にも噴石活動が盛んで、18日に火口付近で13名が負傷しています。

　1933年2月11日から第2火口で活動が始まり、2月24日には大音響をともなって爆発が起こり、直径1mの赤熱した石が、高さ、水平距離ともそれぞれ数百メートルも飛散しました。3月1日は第

7-3-1 阿蘇山の第1火口の湯だまり

1火口の活動が活発となり、第2火口の活動をしのぐほどでした。2つの火口からの降灰は広範囲におよび、被害もでました。4〜5月、8〜9月にも2つの火口からは噴煙が昇り、噴石、鳴動などの活動がありました。

　1953年4月27日11時31分、第1火口で噴火、人身大から人頭大の大きさの噴石が数百メートルの高さに噴き上げられ、火口縁の南西方向600mにまで飛ばされました。観光客6名が死亡し、90余名が負傷しました。5月にも多量の降灰があり、農作物に被害がでました。

　1958年6月24日22時15分、第1火口から突然爆発、噴石は火口の西1.2kmの阿蘇山測候所にも達しました。山腹一帯に多量の降灰・降砂がありました。山頂ロープウエイで夜間作業中の作業員12名が死亡、28名が負傷し、建物にも被害がでました。

　1965年1月にときどき土砂を噴出する活動があり、2〜6月には火口底は赤熱に見えました。7〜8月にも土砂の噴出があり、9月にも火口底は赤熱に見えました。10月21日から第1火口での爆発が始まり、10月23日と31日には噴石を南西方向に広く飛散させる爆発が起こり、建物

7-3-2 京都大学阿蘇山研究所（現在：京都大学大学院理学研究科附属地球熱学研究施設火山研究センター）

にも被害がでました。

　1979年6月～11月、噴火活動は活発になり、ストロンボリ式噴火が繰り返され、赤熱の噴石があり、火口周辺には灰が降っています。9月6日の爆発では、火口北東の楢尾岳周辺で死者3名、重傷2名、軽傷9名の被害が発生し、ロープウエイ火口東駅舎も被害を受けました。11月には大量の降灰があり、宮崎県北西部、大分県、熊本市内にも灰が降り、農作物にも被害がでました。

　阿蘇測候所の1933年から1979年の噴火に関する調査では、噴石が飛んだ範囲は中岳第1火口からほぼ1kmの範囲です。そこで1979年の噴火のときにも、中岳火口周辺1km以内の立入禁止措置がとられていたにもかかわらず、観光客が規制区域に入って死傷する結果になりました。この件に関しては伊藤和明氏により詳

7-3-3 中岳の噴気活動

細な検証がなされています(『火山噴火と災害』。保育社、1981年)。

その後も阿蘇山では同じような活動が繰り返され、周辺に降灰があり、農作物にも被害がでています。1997年～1999年、火口底全面に湯だまりが出現、小規模な土砂の噴出が起こっていました。同じような状態は2000年に入っても続いています。

1997年11月23日には、火口から放出されてきた二酸化硫黄(亜硫酸ガス)によって観光客2名が死亡する事故が起きました。

阿蘇山の火口縁には突然の噴火に備えて、シェルターが設けられています。「火山情報」もだされます。

阿蘇山は活動中の火口に簡単に登れ、自然の驚異を実感できるので、観光地として人気を呼んでいます。しかし、観光客自身、火山を知り、その危険性を理解することが重要です。安全の確保には、自分自身の責任も含まれていることを認識すべきです。

【7-3-4】 火口縁の散策路とシェルター

7-4 雲仙岳（1）－島原大変肥後迷惑－

雲仙岳（ランクA：1483m；32度45分41秒N、130度17分56秒E）は島原半島の中央部を9kmの幅で東西に横断している雲仙地溝帯内に中心が位置し、南北25kmの成層火山で、古くは「温泉岳」とも呼ばれていました。西側は古い山体、中央部に東に開いた妙見カルデラがあり、その中に妙見岳、普賢岳、さらに平成新山などの溶岩ドーム群、その東側に眉山溶岩ドームがあります。

有史後の噴火はいずれも中央の普賢岳にかぎられますが、溶岩流を3回流出しています。西側では群発地震がしばしば発生し、地熱活動もあります。

1971年、九州大学が島原火山観測所を設置し、気象庁ととも

7-4-1 手前九十九島、眉山（右）、雲仙岳（左奥）

に雲仙火山の活動を常時監視する体制が整いました。

　1663年（寛文3年）12月に普賢岳の北北東900mにある飯洞岩付近から溶岩が幅150m、長さ1kmにわたり流出しました。「古焼溶岩」と呼ばれています。

　1791年11月、島原半島西部で群発地震が発生、震源域の中心は西から東へと半島を横切るように移動し、半年間続きました。12月には西側の小浜で山崩れが起こりました。

　群発地震が起こっている1792年2月10日、普賢岳で鳴動が起こり、山頂付近の地獄跡火口から噴気が昇り、土砂の噴出が始まりました。2月28日、普賢岳の北東1kmの地点、古焼溶岩の北東側で噴火が始まり、溶岩が流出を始めました。溶岩の流出は2カ月間続き、幅220〜360m、全長2.7kmとなり、「新焼溶岩」と呼ばれています。

　5月21日18時ごろ、2回の強い地震とともに前山（現在は眉山）

7-4-2　活動中の雲仙普賢岳

が南東山頂から山麓まで一気に大崩壊を起こし、岩屑なだれとなって有明海に流れ込みました。このため津波が発生して対岸の肥後・天草(現在の熊本県)を襲い、大きな災害となりました。

島原では海岸は2km四方の広さが埋め立てられて陸地となり、沖合いには大小の小島が出現しました。この小島群が現在の「九十九島(つくもじま)」です。

島原側での死者はおよそ1万名、牛馬の死は約500頭、村落すべてが埋没しました。肥後(熊本県)側での死者は約5000名、死者の総数約15000名という、日本の火山災害史上、最大の数を記録しています。この大災害では噴火は、文字どおり対岸の火事であった肥後の国でも大きな被害がでたことから、「島原大変肥後迷惑」といわれています。

前山の崩壊は普賢岳の噴火活動中に発生していますが、その引き金は5月21日の夜に続いて起こった大きな地震でした。前山で噴火が起こったのではありません。

【7-4-3】 雲仙普賢岳の溶岩ドーム

7-5 雲仙岳（2）―平成の大噴火―

「島原大変」のあと、雲仙岳周辺では群発地震はたびたび起こっていましたが、噴火活動は静かでした。

1989年11月21〜24日、西側の橘湾付近で群発地震が起こりました。1990年には7月4日から火山性微動が連続的にで始め、7月24〜25日には西側山麓で群発地震が起こりました。そして10月23日にもM2.3の最大地震を含む群発地震が起こっています。

1990年11月17日3時22分より連続微動が発生し、未明に普賢岳山頂東側の地獄跡火口と九十九島火口の2カ所から噴火が始まりました。198年ぶりの噴火です。周辺には降灰があり、噴煙の高さは400mに達しました。20日、23日と群発地震が起こりましたが、噴火活動は小康状態になりました。

1991年2月12日、屏風岩火口からも噴火が始まりました。それから5月まで地獄跡火口と屏風岩火口から小規模な噴火が頻発しました。5月12日から山頂部（噴

【 7-5-1 】 平成大噴火の火砕流

火している領域)で初めて地震が起こり始め、次第にその数が増えていきました。

　5月20日、地獄跡火口でついにマグマが顔をだし、溶岩ドームの出現が確認され、次第に成長していきました。5月24日にはその溶岩ドームの一部が崩壊して火砕流が発生し、以後ひんぱんに火砕流は起こるようになりました。

　6月3日、火砕流により死者・行方不明者43名、179棟の建物が被害を受けるという、この噴火で初めての火山災害が発生しました。火砕流による建物の被害は6月8日に207棟、9月15日に

218棟と続発しました。

　それ以前、5月26日に火砕流に対する避難勧告がだされ、6月7日には最初の警戒区域が設定され、以後、次第に範囲が拡大されました。9月ごろが避難対象人口の最大時で、その数は11000名におよびました。

　年が明けても溶岩ドームは成長を続け、ときどき崩壊して、火砕流が発生するというパターンの繰り返しの状況が続きました。1992年8月8日にも火砕流の発生で、17棟の建物が被害を受けました。1992年の年末時点で避難対象人口は約2000名でした。

　1993年に入っても同じ状況が続きました。6月23日〜24日の火砕流で死者1名、建物187棟の被害がでています。山頂部では

7-5-2　流出した溶岩の崩壊による火砕流

山体が北西側に押しだされる地殻変動が現れ、年末時点での避難対象人口は約3600名でした。

1994年に入っても、溶岩ドームの成長・崩壊・火砕流の発生のパターンは続き、さらに地殻変動の影響も現れ、それまで東側ばかりであった火砕流が北北西方向にも流れだしました。

1995年に入り、ようやく溶岩ドームの成長も止まり、2月11日を最後に火砕流は起こらなくなりました。ドーム直下での群発地震もほとんど終息しました。

1991〜1995年の火山活動で噴出した噴出物の総量は、溶岩に換算して2億m³と見積もられ、地震計に記録された火砕流は9400回に達しました。

【 7-5-3 】 山頂付近の概念図

7-6 霧島山(1)
—天孫降臨の高千穂峰—

霧島山(ランクB：韓国岳の標高と位置：1700m：31度56分03秒N、130度51分42秒E)は宮崎・鹿児島県境で、加久藤カルデラの南縁に位置します。北西－南東方向25km、南西－北東方向18kmの範囲に20数個の火口が並び、成層火山、砕屑丘が連なる火山群です。成層火山は高千穂峰、中岳、大幡山などで、砕屑丘は韓国岳、大浪池、高千穂峰の側火口・御鉢、新燃岳などです。それぞれ山体の大きさに比較して大きな火口をもつのが特徴です。御池や不動池はマールで、温泉、地熱地帯のあるえびの高原をはじめ、山体のあちこちに火口湖が点在しています。

7-6-1 高千穂と新燃岳

霧島山系は、数千年前にはほぼ現在の山体が形成されたと考えられています。3000年前に御池マールを形成した霧島火山で最大規模のプルニー式噴火があり、1768年には韓国岳の北西から溶岩が流出し、硫黄山が出現しました。しかし、霧島火山の噴火はほとんど御鉢と新燃岳からです。

　御鉢は天孫降臨の地で、山頂に天の逆矛が立つ高千穂峰の西側に大きな火口を開いています。最古の噴火記録は742年（天平14年）12月23～28日の噴火です。788年（延暦7年）、945年（天慶8年）と、御鉢の活動記録があります。

　霧島山の南50kmに位置する桜島は大正3年（1914年）の噴火以後、現在まで100年近く活発な火山活動が続いていますが、それ以前、特に1880年から1914年までの30年間は御鉢が活発に活動していました。

　1880年9月、174年ぶりに御鉢から噴火し、火口内に硫黄が堆積しました。その硫黄は採掘されていましたが、1888年5月9日、1889年12月の噴火で飛散してしまいました。

　1891年6月19日、11月10日、それぞれ一昼夜で14

7-6-2 高千穂峰山頂にある天の逆矛

〜15回の噴火があり、山麓周辺4kmには灰が降り草木が枯れました。

　1894年2月25日10時30分の爆発では広い範囲に灰を降らせ、火口から6kmの地点では小豆大の噴石も降りました。

　1895年10月16日12時26分に噴火、鹿児島をはじめ周辺地域では数日前から噴煙の勢いが増しているのを目撃、鳴動が聞こえていました。降灰、噴石で山麓では家屋22棟で出火、御鉢の西200〜300mにいた4名が岩塊の直撃を受けて死亡しました。

　それ以後も、1896年、1897年、1898年、1899年と、毎年それぞれ噴火活動が記録されています。

　1900年2月16日9時ごろに噴火、犬7頭を引き連れて狩猟のため御鉢の西側1500〜1800m付近にいた5名が重傷を負い、後日そのうちの2名が死亡しました。

　1903年11月25日には、同年8月29日に続いて噴火が起こり、火口から7kmの地点まで噴石が飛んでいます。

【7-6-3】　加久藤カルデラ（手前）から見た霧島連峰

夷守岳（ひなもり岳）　甑岳　白鳥山　韓国岳（からくに岳）　大浪池　栗野岳

1913年5月16日から11月16日まで、北西の加久藤カルデラで地震が群発して、強震24回、弱微震123回を数えました。10月17日から19日に3回の強震がありました。この群発地震は「真幸地震」と呼ばれています。11月8日23時ごろに御鉢から噴火が起こり、火口からの火柱が目撃され、噴石は火口から10kmの地点まで飛ばされていました。同年12月9日04時15分に爆発し、多数の噴石が山体に降っています。

1914年1月8日2時20分ごろ、御鉢より噴火し、宮崎市での爆発音は前年の噴火より強く、火口から7kmの地点でも栗の実大の石が降りました。爆発音は100km離れた地点でも聞こえていました。

1915年7月14日から8月6日、加久藤カルデラで強震数個を含む地震が群発し、「栗野地震」と呼ばれています。

その後、1923年に噴火があり1名が死亡しましたが、この噴火を最後に御鉢は90年以上沈黙しています。

7-6-4 標高1400mの火口湖、大浪池、奥に噴煙を上げる桜島

7-7 霧島山(2) －新燃岳の活動－

　有史以後の霧島山の火山活動は、ほとんど御鉢と新燃岳に限定されています。そして御鉢の活動が活発なときには新燃岳は静かで、逆に新燃岳の火山活動が活発なときは御鉢の活動が静かであるという傾向があるようです。

　1659年（万治2年）から1706年（宝永2年）の間は御鉢から噴火は起こっていますが、その間に新燃岳からの噴火は起こっていません。1716年（享保元年）から1832年（天保3年）までは、逆に新燃岳の活動は活発でしたが、その期間、御鉢は活動していません。

　特に1716年（享保元年）11月9日の新燃岳の噴火では火砕流が発生しています。周囲15kmの範囲内の数カ所で火災が発生しています。周辺の山林と神社・仏閣はすべて焼失し、家屋の焼失は600余軒、死者は5名、負傷者は30名以上、牛馬405頭が死に、農作物に大きな被害がでました。

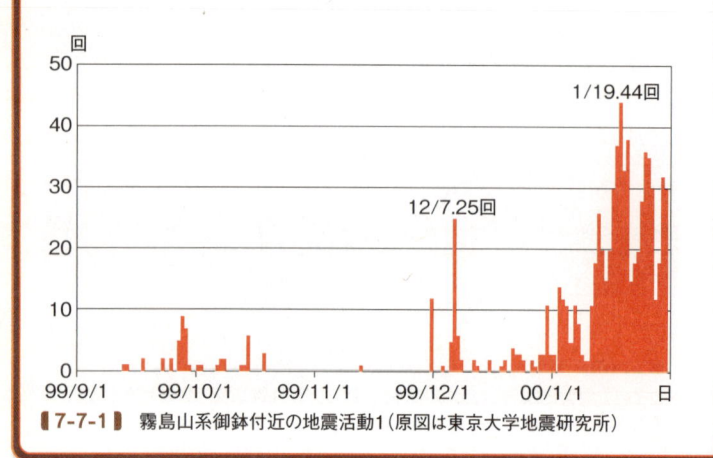

7-7-1 霧島山系御鉢付近の地震活動1（原図は東京大学地震研究所）

第7章 九州の火山

　1717年（享保2年）にも新燃岳の火山活動は続いて、2月7～10日の4日間、周辺に灰を降らせる噴火が続きました。2月13日9時から12時にかけて噴火が発生、火砕流も起こり、寺院・家屋が焼失、田畑には大きな被害がでました。少なくとも死者1名、負傷者は30名以上で、牛馬の死は420頭でした。同年9月19日にはプリニー式噴火が発生し、数十キロメートル四方の田畑が埋まりました。

　1771年（明和8年）～1772年（明和9年）には水蒸気爆発が起こったあと、火口底に溶岩が出現して溶岩湖が形成され、火砕流が発生しました。その後プリニー式噴火が起こり、周辺10～20kmの範囲で田畑の埋没、山林が枯死する被害がでています。

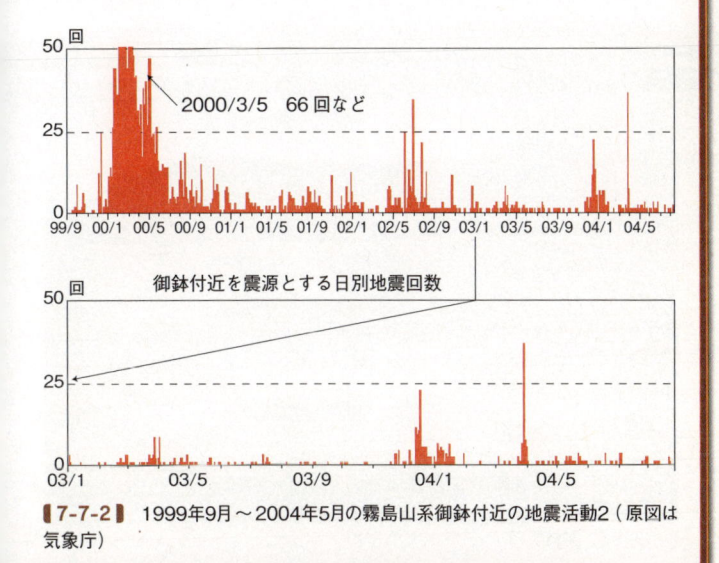

【7-7-2】1999年9月～2004年5月の霧島山系御鉢付近の地震活動2（原図は気象庁）

1822年（文政4年）1月12日、噴火が起こり新燃岳の7〜8合目に新しい火口が4カ所で視認されています。

　その後、霧島山の噴火活動は御鉢に移り、新燃岳の活動は静かでしたが、100年以上が経過した1934年、新燃岳の火口湖の水が混濁し、ガスが発生し、周辺の草木が枯死しているのが認められています。

　1958年11月9日と19日、大浪池の火口縁の火口から小噴気の活動が認められました。

　1959年2月17日14時50分ごろ新燃岳で爆発的な噴火が発生し、周辺の市町村に噴石や多量の灰が降り、森林、耕地、農作物に被害がでました。

　この噴火を契機として、東京大学地震研究所ではえびの高原に霧島火山観測所を設立して、周辺の地震活動と霧島山の火山活

【 7-7-3 】　御鉢火口

動の監視がなされるようになりました。

　1968年2月〜4月、加久藤カルデラ内で「えびの地震」が起こりました。M6.1の最大地震のほか、M5クラスの地震4回、合計5回の地震を主震群とする群発地震でした。死者3名、住家の全壊368棟などの被害がでました。

　その後も霧島山周辺では群発地震がときどき発生していました。1981年から新燃岳の周辺でも地震がたびたび起こるようになっていましたが、1991年11月24日に噴火が発生し、以後、ときどき火山灰を降らせるような小規模の噴火が繰り返し起こっていました。

　2002年から御鉢の周辺で火山性地震が増加し、火山性微動も確認されていますが、噴火には至っておりません。

7-7-4　1991年12月新燃岳の噴火、背後の山は韓国岳

7-8 桜島(1)ー世界でもっとも活動している火山ー

桜島(ランクA：南岳の標高と位置：1060m、31度34分38秒N、130度39分17秒E)は錦江湾(鹿児島湾)北部を中心とする南北17km、東西23kmの姶良カルデラの南縁に生じた成層火山で、北岳、中岳、南岳の3峰といくつかの側火口が並んでいます。

「桜島」といわれるように、錦江湾に浮かぶ東西10km、南北8kmの火山島でしたが、1914年の噴火で流出した溶岩によって大隈

7-8-1 北側からの桜島遠望(含む錦江湾)

半島と陸続きになりました。そのため現在は東西12.2km、南北9.5km、周囲52kmのやや楕円形に近い形になっています。

約1.1万年前から新しく北岳の活動が始まり、4500年前まで続きました。4000年前から南岳の噴火が始まり、現在まで活動を続けています。

有史以後の山頂噴火は南岳にかぎられますが、山腹や付近の海底からも噴火しています。

現在、1914年以来、ほとんど休止することなく噴火が起こっており、20世紀から21世紀にかけて、地球上でもっとも活発な活動を続けている火山の1つです。

桜島の火山活動に関する最古の記録は708年（和銅元年）です。764年（天平宝字8年）に錦江湾の中で噴火が起こり、湾の北岸に沖小島を含む三島が出現し、桜島では東側の鍋山が出現、長崎鼻溶岩（瀬戸溶岩）が流出しました。この溶岩流は「天平溶岩」と呼ばれています。

1471〜1476年（文明3〜8年）には「文明の大噴火」が起こりました。1471年に東側の黒神方面に溶岩

【7-8-2】 桜島噴火風景

が流出し、噴石や降灰などで多数の死者がでました。1473年、1475年と大きな噴火が繰り返されましたが、1476年10月、島の南西側に多量の溶岩が流出し、噴石、降灰砂のため、多くの家屋が埋没し、『人畜死亡せしことその数を知らず』と表現されています。このときの溶岩流は「文明溶岩」と呼ばれています。

その後1478年（文明10年）の噴火を最後に、1642年（寛永19年）まで噴火の記録はありません。桜島の火山活動は16世紀を中心におよそ160年間は静かだったようです。

1779～1782年（安永8年～天明元年）に「安永の大噴火」が起こりました。噴火の3日前から地震が頻発し、少しも衰えないうちに噴火当日の朝、浜辺にあった井戸が沸騰して噴出し、海水は紫色に変色していました。11時ごろに南岳山頂火口から白煙が上がりました。14時ごろ、南岳南側の中腹から黒煙が1万メートルも上昇、爆発が起こり、黒煙の中に無数の雷光が走るのが見られました。16時ごろ、北東側の中腹からも噴火が始まり、翌9日の早朝には最盛期に達しました。溶岩の流出も始まり、死者は150余名です。この噴火で流出した溶岩は「安永溶岩」と呼ばれています。

島の北側の海底からも噴火が起こり、一時は9島の小島が出現しましたが、その後、消滅したり互いにくっついたりして、現在は5島となっています。

噴火後、鹿児島市や錦江湾北部の海岸では潮位が上昇し、45年経っても戻らず、満潮のときには街中に海水があふれるほどでした。噴火により地殻変動が起こり、地盤が沈降したことを示しています。

この間の1781年4月に起こった海底噴火では、津波が発生し、死者8名、行方不明者7名、船舶6隻が流失しています。

7-9 桜島（2）－大正の大噴火－

　安永の大噴火後、2回の小規模な噴火活動こそありましたが、1800年代には火山活動はほとんどありませんでした。しかしおよそ110年の沈黙を破り、桜島は活動を始めました。

　1914年（大正3年）1月11日3時41分、鹿児島市で最初の地震を感じました。桜島では10日の夜から地震を感じ始め、11日9時には道路破損の被害がでています。

　1月12日、朝から島の南の海岸では温泉が噴出し、水柱は1mに達し、8時30分には北側海岸でも水が噴出して、22日にも同じ現象が確認されています。

　10時ごろ、南岳の西側、標高500mの地点から噴火が始まりました。噴火して5分後には昼間であるのに、火口付近には赤い火柱が確認されています。噴火10分後、東側の鍋山東斜面の標高400mの地点からも噴火が始まり、11時ごろには噴煙の高さは3000mに達しました。

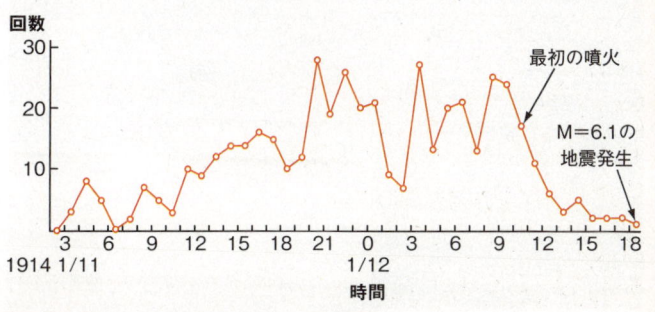

| 7-9-1 | 鹿児島測候所の1時間ごとの地震数 |

11時30分、溶岩の流出が始まりました。

　14時30分～15時30分、島全体が噴煙でおおわれ、雷が発生し、噴火の爆発音は激しさを増しました。

　18時29分、最大地震（M6.1）が発生し、小さな津波が起こりました。この地震により鹿児島測候所（当時）の地震計が破損し、その後の数はわかりませんが、有感地震の数は非常に少なくなりました。地震による災害は鹿児島市の海岸地域でひどく、死者13名、全壊家屋39棟に達しました。

　23時～翌朝5時、地震後増大した火山活動にともなう振動や溶岩噴出の最盛期で、竜巻も発生しました。

　13日10時、噴火の強さは衰え始めました。

7-9-2 大正溶岩

西側7個、東側8個の火口から溶岩が流出しましたが、西側の溶岩流は16日の朝には海岸から500mの地点に達しました。このころの溶岩流の速さは毎時45mです。18日正午ごろには、海岸から600m沖合いにあった烏島に達し（速さ毎時21m）、20日には島は完全に溶岩に包まれ、存在がわからなくなりました。

　東側の溶岩も16日には海岸に達し、海水面から激しく水蒸気が上がり（23日：海水表面の温度49℃）、大隅半島との間の海は、24日には幅が20mとなり、29日には完全につながりました。海面下でも溶岩が90〜110mの厚さで存在し、海が浅くなりました。島の東側にあった黒神集落は完全に埋まりました。流出した溶岩は「大正溶岩」と呼ばれています。

　25日、西側からの噴火はほとんど終息しましたが、東側はときどき強い噴火を繰り返しながら8月になっても活動していました。

　桜島およびその周辺の地域は、噴火後、広範囲にわたり最大2mも沈降、大きな地殻変動が起きましたが、1932年の水準測量

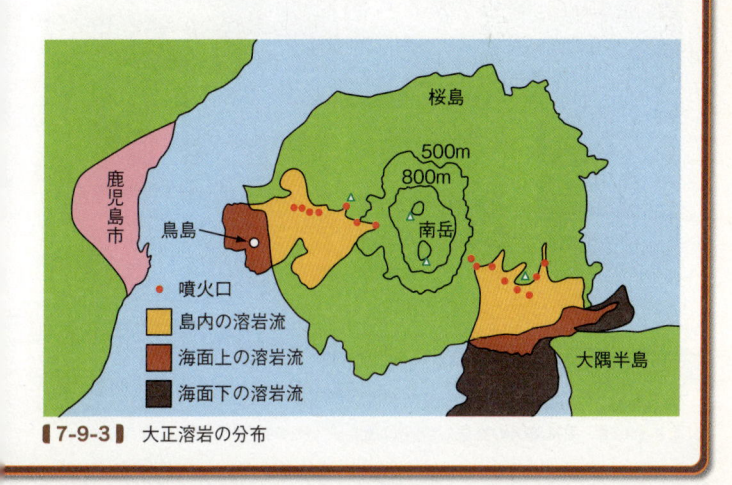

7-9-3 大正溶岩の分布

の結果では噴火前に近い状態まで回復していました。

　この噴火では3集落が埋没し、全壊家屋120棟、死者58名、負傷者112名、農作物に甚大な被害がでました。

　この噴火では、噴火直後から東京帝国大学地震学教室の大森房吉らが現地に入り、地震観測などの調査を実施し、詳細な報告がなされています。1910年の有珠山の噴火に続き、本格的な火山物理学的な観測・調査がなされました。

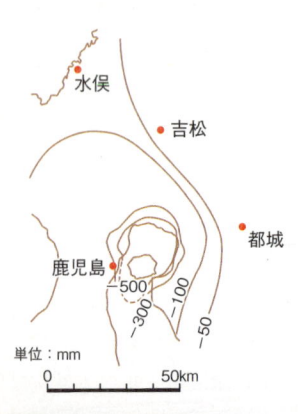

【7-9-4】地殻変動（沈降の分布）

【7-9-5】黒神集落の鳥居。完全に埋まっていたのをここまで掘ってそのまま保存

7-10 桜島（3）－活動様式の変化－

　大正の大噴火後、桜島の火山活動は小康状態を保っていましたが、四半世紀を過ぎた1939年10月26日、南岳東南東中腹の標高750m地点から噴火し、小規模な火砕流が発生し、島外でも灰が降りました。この活動は11月12日には終息しました。その後も毎年のように小規模な噴火を繰り返していましたが、1946年にふたたび大噴火が起こりました。

　1946年1月、桜島の小さな爆発で鹿児島市内にまでときどき灰が降るようになりました。3月にはほとんど毎日、降灰がありました。

　3月9日22時ごろから、南岳東斜面の標高800mの地点から溶岩の流出が始まりました。溶岩は北東と南に流れ、4月5日には

7-10-1 南岳からの噴火が続く現在の桜島

北東の流れは海岸に達しました。5月21日には南の流れが有村海岸に達しました。6月には噴火は衰えましたが、11月ごろまでときどき灰を降らせる噴火が起こっていました。死者は1名でしたが、山林が焼失し、農作物に大きな被害がでました。このとき流出した溶岩は「昭和溶岩」と呼ばれています。

　1955年10月13日14時52分ごろ、南岳山頂から爆発、死者1名、負傷者9名の人的被害がでて、多量な降灰により農作物にも被害が生じました。

　このときの噴火以後、桜島の噴火様式に変化が起きました。それまでは比較的静かな期間が長く、ときどき山腹から大量の溶岩が流出する噴火が繰り返されていたのが、1955年以降は山頂からの爆発が繰り返されるようになりました。このため周辺地域では噴石や火山灰、あるいは空振による被害、特にガラスの破損の被害が続出しています。空振は爆発による衝撃波で、数十キロの遠方まで聞こえ、ときには被害をもたらします。

　1986年11月23日には直径2m（推定重量約5トン）の噴石がホテルを直撃、6名の重軽傷者がでています。

　降灰による被害地域は大きく変わります。西側に位置する鹿

7-10-2 大正噴火で完全に埋まった黒神集落の門柱。頭だけが見える

児島市に大量の火山灰が降り、市民生活に支障をきたすことも少なくありません。また山体には厚く火山灰や噴石が堆積しているため、大雨が降れば土石流が発生することもあります。桜島周辺では半世紀以上の長期にわたり、降灰をはじめとするいろいろな火山の驚異にさらされているのです。

南九州に厚く堆積しているシラス層は、火山灰の堆積によって形成されました。サラサラとした砂で、保水力がなく、大雨が降るとすぐ崖崩れなど、災害が起こります。火山灰が何十メートルもの厚さに積もったという事実は、一般の人にはなかなか理解されにくいかもしれません。しかし、桜島が毎日のように大量の火山灰を噴出し、それが半世紀以上の続いている現実を見ると、シラス台地の形成も理解ができてくるでしょう。

1960年から京都大学防災研究所が附属施設として桜島火山観測所を設立し、以来50年にわたり火山科学の最先端の研究が続けられています。

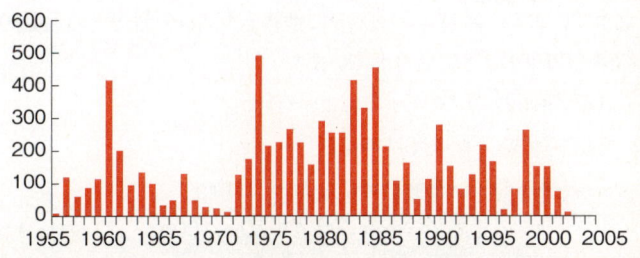

7-10-3 京都大学桜島火山観測所による年噴火の回数

COLUMN 6
学者のたわごと ❸
― 活断層と原発 ―

　2010年5月、「島根半島にある活断層の長さが30kmはあると判明、この断層が動いて地震が起こればM7クラスの大地震になる。原子力発電所にも被害がでるのではないかと心配だ」という主旨の新聞報道（東京版で）がなされました。学者の意見として「断層の長さは45kmに達するから、より大きな地震の発生が予想されるので、原発の安全性に問題があり心配だ」とコメントがでていました。これに対して原発側は「大地震が起きても十分に耐える構造だから安心」と反論していました。

　大地震発生と原発の安全性は島根原発にかぎらず、日本のあちこちで問題提起がなされており、論争が続いています。日本の電力事情が原発にも頼らなければならない現状では、活断層の存在と大地震の発生、それにともなう原発の安全性に関する論争は、少なくとも21世紀の前半は続くでしょう。

　活断層は1995年の阪神・淡路大震災（兵庫県南部地震）から注目されるようになりました。活断層は「地表に現れている岩盤の相対的なズレのうち、最近数十万年間にたびたび動いた証拠が認められ、今後も同様の動きをするだろうと思われるもの」と定義されています。断層は年あたりに換算したズレの量でその活動の強さを以下のように区分しています。

　A級：平均のズレ速度が年に1〜10mm
　B級：平均のズレ速度が年に0.1〜1mm
　C級：平均のズレ速度が年に0.01〜0.1mm

　M8クラスの地震では断層の長さが80〜100km、ズレの長さ5〜6m、M7クラスだとそれぞれ20〜30km、1〜2m程度が1つ

の目安になります。

　島根半島の活断層は1995年以後の見直し調査で発見され、宍道断層と名づけられ、C級に属します。
「断層の長さがこれまでの予想以上に長い。だから大地震が発生する」と学者は強調します。では、その大地震はいつ起こるのでしょうか。鳥取県西部から島根県全域にかけては、『出雲風土記』の書かれた時代から今日までの千数百年間に、被害をともなうような地震は3回しか起こっていません。880年の出雲地方の地震（M7）、1872年の浜田地震（M7.1）、2000年の鳥取県西部地震（M7.3）です。1978年の島根県中部の地震（M6.1）、1989年の鳥取県西部の地震（M5.4）がありますが、被害はほとんどありませんでした。

　この地方は大地震に見舞われることがきわめて少ないのです。原発が今後100年間稼動したとしても、その間に宍道断層が動いてM7クラスの地震が起こることはほとんどないと考えるほうが自然です。また、原発の建物は耐震性です。過去の地震活動も原発の耐震性能も考えず、断層の長さだけから原発の危険性を説く学者の態度は、ただ不安をあおるだけの無責任な発言です。

原発に関してはむしろ日常起こしている人為的な事故のほうが問題で、一般住民にとってはよほど怖いです。

（神沼）

島根原発（撮影：定秀陽介氏）

COLUMN 7
学者のたわごと ❹
― 火山噴火と大地震発生 ―

　太平洋側、特に関東から西日本にかけての地域では、100～300年に1度の割合でM8クラスの巨大地震が起こっています。関東地震や東海地震、南海地震と呼ばれる地震です。

　ある学者は、伊豆大島や三宅島が噴火すると、かならずといっていいほど「太平洋岸で近い将来大地震が発生する」と自説をマスコミに対して展開します。日本列島内に被害をともなうような地震が起こると太平洋岸に大地震が発生する、あるいは富士山が噴火するというような情報を発したことも少なからずありました。しかし、そのような学者が年2回開催されている火山学会や地震学会の春・秋の総会で、そのような研究成果を発表するのを聞いた記憶はありません。マスコミには発表するが、研究成果の評価を受けるべき関係学会では発表していないのです。

　メディアに対して「伊豆大島が噴火したから近い将来大地震が発生する」というような話をしますと、ほとんどは大々的に報じられます。その報道は一過性ですから、伊豆大島の噴火が沈静化すれば、大地震発生の発言も忘れられてしまいます。メディアもその報道を検証することは、ほとんどありません。

　次の火山噴火や地震が起こると、また同じ発言が繰り返されています。さらに発言はエスカレートして、どの地震や火山噴火を指しているのかわかりませんが、「私が以前に予知したように火山活動が活発になっているから、大地震が起こる可能性が高い」というような発言になります。

　地震が起こるという最初の予知は、東海地震や南海地震のM8クラスの巨大地震のはずでした。「自分が予知(あるいは予測した)

ように地震が起こった」というようなケースは、M6程度の地震までその範疇に入れてしまいます。発生場所も西日本の沿岸地域のはずが、房総半島沖で起こった地震までその発生地域は拡大されています。

M8とM6の地震では、エネルギーは1000倍も違います。サッカーボールほどの地震が起こると予測したのに、ピンポン球かパチンコ玉程度の地震が起こったことになりますが、それは自分が予測していた地震であるとの主張です。

日本列島ではM6クラスの地震は少なくとも毎年数回は起こっていますから、都合のよい解釈をしようとすればどのようにでもできるのです。少なくともその学者がその種の発言をしている過去40年間、東海地震も南海地震も起こっていません。

火山噴火と大地震発生の親はどちらもプレート運動です。形こそ違いますが、火山と大地震は兄弟の関係であって、親子の関係ではありません。「火山噴火が起きたから、大地震が発生する」、あるいはその逆もまだ証明されていません。すべては自己顕示欲の強い学者がマスコミ相手に流した「たわごと」なのです。(神沼)

三宅島の噴火

索　引

数・英

A型地震	40
B型地震	40
GPS	45
N型地震	40

あ

アア溶岩	36
会津富士	98
青ヶ島	138
青木ヶ原樹海	141、142
赤城山	102
秋田駒ケ岳	90
秋田焼山	82
浅間火山観測所	41、42
浅間山	28、33、37、45、109、112、116、120、123
吾妻山	94
阿蘇山	200、203
安達太良山	96
安永の大噴火	157
安永溶岩	224
阿武火山群	22
硫黄島	139
伊豆大島	29、156、160
伊豆七島	134
伊豆東部火山群	22、154
伊豆鳥島	138
岩手山	87
岩手富士	87
岩木山	80
有珠山	59、62、66、71
宇宙線ミュオン	47
裏磐梯	99
ウルトラブルカノ式噴火	29
雲仙岳	207、210
恵山	57
大室山	19
大涌谷	148
隠岐諸島	188
渡島大島	57
恐山	80
鬼押し出し	116
御嶽山	10、105、106

か

開聞岳	198
外輪山	22
嘉永火砕流	61
火映現象	32
火砕丘	20
火砕サージ	26
火砕流	26
笠山	190
火山観測所	112
火山災害	36
火山性地震	40
火山性微動	41
火山性脈動	41
火山帯	14
火山弾	34
火山フロント	16、80
火山噴火	160
火山噴火予知	48
活火山	10、106
活断層	40
軽石	34

カルデラ	22
カルデラ湖	22
陥没カルデラ	22
休火山	10、144
強磁性鉱物	46
霧島山	214、218
金時山	148
九重山	197
草津白根山	107
口永良部島	199
倉吉軽石層	179
栗駒山	93
玄武岩質洪水噴火	28
構造性地震	40
神津島	136、137
古富士火山	140
駒ケ岳	76

さ

蔵王山	84
象潟	92
桜島	222、225、229
薩摩硫黄島	198
薩摩富士	198
三瓶山	182、184
死火山	10、106
地震観測	44
地震予知	48
地鳴り	43
島原大変肥後迷惑	209
舟状海盆	16
貞享の大噴火	156
昭和湖	84
昭和新山	19、66、68
昭和溶岩	230
知床硫黄山	54
宍道湖	175
宍道地溝帯	175

新富士火山	140
新焼溶岩	208
水蒸気爆発	29、30
スコリア丘	20
ストロンボリ式噴火	27
諏訪之瀬島	199
成層火山	18
絶対重力計	121

た

大山	179
大山隠岐国立公園	174
太平洋プレート	16
盾状火山	21
樽前山	56、57
単成火山	22
単成火山群	22
地下温度	47
地殻変動	45
乳首山	96
中央火山丘	22
津軽富士	81
鶴見岳	196
手石海丘	154
天平溶岩	223
天明の大噴火	116
十勝岳	56
利島	136
鳥海山	92
十和田	82

な

那須岳	85
新潟焼山	104
新島	136
西日本火山帯フロント	17
日光白根山	86
熱雲	26

索引

乗鞍岳　　105

は

爆発カルデラ　　22
箱根山　　146、150
ハザードマップ　　50、78
八丈島　　137
八幡平　　93
八甲田山　　80
パホイホイ型溶岩　　35
榛名山　　103
ハワイ式噴火　　28
パン皮状火山弾　　34
磐梯山　　98
燧ケ岳　　85、86
東日本火山帯フロント　　17
フィリピンプレート　　16
複成火山　　22
富士山　　11、18、140
プリニー式噴火　　25
ブルカノ式噴火　　24
古箱根　　146
古焼溶岩　　208
プレー式噴火　　27
プレートテクトニクス　　14
噴火災害　　36
文政火砕流　　61
文明の大噴火　　223
文明溶岩　　224
宝永火口　　144
宝永山　　144
伯耆富士　　180
防災マップ　　74
紡錘状火山弾　　34
ホットスポット　　17

ま

マール　　20
埋没林　　184
マグマ　　16
マグマ水蒸気爆発　　29、30
摩周　　55、55
御蔵島　　137
弥陀ヶ原　　104
ミマツダイヤグラム　　70
三宅島　　164、168
ミュオン　　47
妙高山　　104
雌阿寒岳　　56
明治新山　　63
鳴動　　43

や

焼岳　　128
屋島　　22、192
由布岳　　197
溶岩　　30
溶岩円頂丘　　19
溶岩湖　　32
溶岩樹形　　36
溶岩台地　　21
溶岩ドーム　　19
溶岩トンネル　　36、142
羊蹄山　　35、56、58
横岳　　103

ら

羅臼岳　　55
利尻島　　58

サイエンス・アイ新書 発刊のことば

science·i

「科学の世紀」の羅針盤

　20世紀に生まれた広域ネットワークとコンピュータサイエンスによって、科学技術は目を見張るほど発展し、高度情報化社会が訪れました。いまや科学は私たちの暮らしに身近なものとなり、それなくしては成り立たないほど強い影響力を持っているといえるでしょう。

　『サイエンス・アイ新書』は、この「科学の世紀」と呼ぶにふさわしい21世紀の羅針盤を目指して創刊しました。情報通信と科学分野における革新的な発明や発見を誰にでも理解できるように、基本の原理や仕組みのところから図解を交えてわかりやすく解説します。科学技術に関心のある高校生や大学生、社会人にとって、サイエンス・アイ新書は科学的な視点で物事をとらえる機会になるだけでなく、論理的な思考法を学ぶ機会にもなることでしょう。もちろん、宇宙の歴史から生物の遺伝子の働きまで、複雑な自然科学の謎も単純な法則で明快に理解できるようになります。

　一般教養を高めることはもちろん、科学の世界へ飛び立つためのガイドとしてサイエンス・アイ新書シリーズを役立てていただければ、それに勝る喜びはありません。21世紀を賢く生きるための科学の力をサイエンス・アイ新書で培っていただけると信じています。

2006年10月

※サイエンス・アイ (Science i) は、21世紀の科学を支える情報 (Information)、知識 (Intelligence)、革新 (Innovation) を表現する「 i 」からネーミングされています。

SoftBank Creative

science·i

サイエンス・アイ新書
SIS-194

http://sciencei.sbcr.jp/

日本の火山を科学する
日本列島津々浦々、あなたの身近にある108の活火山とは?

2011年2月25日　初版第1刷発行

著　　者	神沼克伊・小山悦郎
発 行 者	新田光敏
発 行 所	ソフトバンク クリエイティブ株式会社
	〒107-0052　東京都港区赤坂4-13-13
	編集：科学書籍編集部
	03(5549)1138
	営業：03(5549)1201
装丁・組版	クニメディア株式会社
印刷・製本	図書印刷株式会社

乱丁・落丁本が万が一ございましたら、小社営業部まで着払いにてご送付ください。送料小社負担にてお取り替えいたします。本書の内容の一部あるいは全部を無断で複写(コピー)することは、かたくお断りいたします。

©神沼克伊・小山悦郎　2011 Printed in Japan　ISBN 978-4-7973-6130-8

≡ SoftBank Creative